Sammlung
von
Aufgaben der praktischen Geometrie

nebst

kurzer Anleitung zur Lösung derselben.

Zum Gebrauche für alle Anstalten, an
denen Vermessungskunde gelehrt wird, desgleichen für Gymnasien und
Realschulen.

Von

Dr. A. Baule,
Professor an der Königlichen Forstakademie zu Münden.

Springer-Verlag Berlin Heidelberg GmbH 1888

ISBN 978-3-662-31891-1   ISBN 978-3-662-32718-0 (eBook)
DOI 10.1007/978-3-662-32718-0

Buchdruckerei von Gustav Schabe (Otto Francke) in Berlin N.

Vorwort.

Die nachstehende Aufgabensammlung soll dazu dienen, das Verständnis für die Theorie der Vermessungskunde zu fördern und zu befestigen, außerdem soll dieselbe in die Praxis einführen und das Studium größerer Werke und Anweisungen erleichtern.

Die Einfachheit der Aufgaben möge dem Büchelchen nicht zum Vorwurf gereichen; durch dieselbe und durch den allmählichen Übergang vom Leichtern zum Schwierigern wird, hoffe ich, die Freude an der Wissenschaft erhöht und der Aufbau ein fester und sicherer.

Die Aufgaben werden in der Stube und im Felde gelöst; immer wird die Frage gestellt: wie und mit welchen Hilfsmitteln verschaffe ich mir die zur Lösung der Aufgabe erforderlichen Bestimmungsstücke? Die Beschreibung oder die Vorstellung oder die wirkliche Wahl des entsprechenden Geländes ist dabei von besonderem Nutzen.

Mit den Zahlen der Aufgabe wird in irgend einem Maßstabe eine möglichst genaue Zeichnung ausgeführt und das durch Rechnung erhaltene Ergebnis wiederum an der Zeichnung durch Anlegen des Winkelmessers und Maßstabes geprüft; deshalb sind Figuren und Auflösungen nicht beigegeben.

Als Coordinatensystem ist das in Preußen gebräuchliche gewählt, wonach der I. Quadrant von der N- und O-Richtung, der II. von der O- und S-Richtung u. s. w. gebildet wird.

Inhalt.

I. Aufgaben, zu deren Lösung vorwiegend constante Winkel abgesteckt und Strecken gemessen werden 1
II. Aufgaben, in denen es sich um die mittelbare Messung von Strecken und Winkeln handelt unter Anwendung von Theodolit und Stahlband 5
III. Aufgaben über die Aufnahme und Berechnung von Polygonen . . 11
IV. Aufgaben über den Anschluß eines Vermessungswerkes an die Landesvermessung 14
V. Aufgaben über das Abstecken von Kreiscurven 17
VI. Aufgaben über die Theilung von Figuren.
    a) Die zu theilende Fläche hat überall dieselbe Bonität 22
    b) Die zu theilende Fläche ist von verschiedener Bonität . . . 26
VII. Änderung der Begrenzung von Flächen mit gleichen und verschiedenen Bonitäten 30
VIII. Aufgaben über Fehlervertheilung in den Winkeln, Coordinaten, Strecken und Flächen 32
IX. Aufgaben über Höhenmessungen 43

I.
Aufgaben, zu deren Lösung vorwiegend constante Winkel abgesteckt und Strecken gemessen werden.

1. Mit welchen Hilfsmitteln kann man zu einer Geraden in einem Punkte derselben oder in ihrem Endpunkte das Loth errichten?

Kreuzscheibe, Winkeltrommel, Winkelspiegel, symmetrische dreiseitige Winkelprisma, Kette, letztere unter Benutzung eines pythagoreischen Dreiecks mit den Seiten 3, 4, 5 oder Construction der Höhe im gleichschenkligen Dreieck.

2. Von einem Punkte des Feldes aus soll ein Weg angelegt werden, welcher einen bereits abgesteckten Weg senkrecht schneidet; wie findet man den Schnittpunkt der Wege?

Aufzusuchen der Fußpunkt des Lothes mit einem der zuerst genannten 4 Instrumente; zu beachten, ob der gegebene Punkt in der Mitte oder Seite des neuen Weges liegt.

3. Eine Gerade, deren Endpunkte durch eine Anhöhe getrennt sind, soll über dieselbe hinweg abgesteckt und auf den Horizont projicirt werden; wie verfährt man dabei und welche Instrumente sind erforderlich?

Allmähliches Einrücken oder Aufsuchen von Zwischenpunkten mit der Winkeltrommel oder dem Compensationstheodolit; Staffelmessung oder Bestimmung des Neigungswinkels auf je 20 m mit dem Pendelniveau oder dem Frank'schen Gefällmesser.

4. Die Strecke AB ist zweimal gemessen mit dem Stahlband und Pendelniveau; die zu den einzelnen Längen von 20 m gehörigen Neigungen sind von A nach B: $3\frac{1}{3}°$, $5\frac{5}{6}°$, $6\frac{1}{6}°$, $2\frac{2}{3}°$, $3°$; von B nach A: $5°$, $7°$, $7\frac{1}{6}°$, $5°$, $4\frac{2}{3}°$. Wie lang ist die horizontale Strecke AB? Ist die Messung, günstige und mittlere Terrainverhältnisse vorausgesetzt, als genügend richtig anzuerkennen?

Baule, Geometrische Aufgaben.

Entweder sind die Subtrahenden $20(1-\cos \alpha)$ einer bezüglichen Tabelle zu entnehmen oder die einzelnen Projectionen trigonometrisch zu berechnen oder am Instrument abzulesen. — Der Unterschied der beiden Messungen darf sein bei günstigen Verhältnissen: $0{,}01\sqrt{4s} + 0{,}005\,s^2$, bei mittlern: $0{,}01\sqrt{6s} + 0{,}0075\,s^2$, wo s das arithmetische Mittel beider Messungen ist.

5. Von A aus soll in einer gegebenen Vertikalebene eine Strecke abgemessen werden, deren horizontale Projection $AB = 200\,m$ lang ist; die abgesteckte Linie führt anfangs über eine Anhöhe, darauf durch eine Senkung; die Neigungswinkel der einzelnen Kettenlängen sind Elevationswinkel bis auf die Höhe: $5°$, $7°$, $6°$, $8°$, von da Depressionswinkel $6°$, $5\tfrac{2}{3}°$, $4°$, $5°$, darauf im ansteigenden Gelände $5°$, $7°$. Um wieviel Meter vom letzten, dem 10. Zählstäbchen ist der Pfahl zur Bezeichnung der 200 m langen Horizontalen AB einzuschlagen?

Da die Projection der gemessenen Strecke bis zum 10. Markirstäbchen kleiner ist als 200 m, so berechne man wie in der vorigen Aufgabe das Fehlende und schlage um so viel in horizontaler Entfernung vom letzten Kettenstab nach vorwärts den Pfahl ein.

6. Auf völlig übersehbarem Terrain soll man mit dem Winkelspiegel eine Kreiscurve abstecken.

Der Peripheriewinkel im Halbkreise ist ein R; der Durchmesser ist in seinen Endpunkten durch Signale zu bezeichnen und es sind die Scheitel von rechten Winkeln aufzusuchen, deren Schenkel durch die Signale gehen.

7. Auf eine ganz unzugängliche Gerade, die in ihren Endpunkten A und B durch Baken festgelegt ist, von einem Punkte C außerhalb das Loth zu fällen.

Die Höhen eines Dreiecks schneiden sich in 1 Punkte; es ist der Schnittpunkt der zu AC und BC gehörigen Höhen zu suchen und mit C zu verbinden.

8. Zu einer in ihren Endpunkten zugänglichen Geraden soll eine Parallele abgesteckt werden.

Bei Benutzung des Winkelspiegels macht man die gesuchte Gerade zu einer Seite im Rechteck. Hat man nur die Meßkette zur Verfügung oder ist nur ihre Anwendung möglich, so verfährt man nach dem Satze: Halbiren sich die Diagonalen in einem Viereck, so ist dasselbe ein Parallelogramm.

Handelt es sich um sehr lange parallele Gerade, z. B. Wege, welche eine ganze Feldmark durchschneiden, so wird zweckmäßig ein Theodolit und der Satz von den Wechselwinkeln an Parallelen angewandt.

9. Zu einer ganz unzugänglichen Geraden AB eine Parallele abzustecken, die durch einen gegebenen Punkt C geht.

BD $\perp$ AC, AE $\perp$ BC, EF $\perp$ AC, DG $\perp$ BC, so FG $\parallel$ AB; denn $\triangle$ DGC $\sim$ $\triangle$ EFC, daraus

ferner $\dfrac{DG^2 : EF^2 = CG^2 : CF^2}{DG^2 : EF^2 = CG \cdot BG : CF \cdot AF}$ (Hypotenusenhöhen)

CG : CF = BG : AF d. h. FG $\parallel$ AB.

Denkt man sich H in der Verlängerung von DG und CH $\parallel$ FG, so ergibt sich aus GH : GD = CF : FD die Strecke GH = $\dfrac{CF}{FD} \cdot$ GD.

10. Eine nur an dem einen Endpunkte A zugängliche Gerade AB mittelbar zu messen.

Errichte in A das Loth AD und rücke in diesem Lothe mit der Kreuzscheibe oder dem Winkelkopf so weit vor, bis der $\angle$ ACB = 45^0 wird, so ist AC = AB; oder errichte in AD ein zweites Loth und ermittele AB aus der Ähnlichkeit der Dreiecke.

11. Eine ganz unzugängliche Gerade AB bei übersehbarem Terrain mittelbar zu messen.

Auf eine beliebige Gerade fällt man von A und B die Lothe und halbirt das Stück zwischen deren Fußpunkten in M; durch Verlängerung von AM und BM bis zum Durchschnitt mit den Lothen erhält man gemäß der Congruenz der Dreiecke eine Gerade = AB.

Oder: Man betrachte AB als Durchmesser eines Kreises und bestimme 3 Punkte nach Aufg. 6 im Halbkreise, deren Entfernungen a, b, c seien, so ist der Inhalt dieses Dreiecks $\triangle = \dfrac{a \cdot b \cdot c}{4r}$, also $2r = AB = \dfrac{a \cdot b \cdot c}{2\triangle}$.

12. Mit der Meßkette einen auf dem Felde abgesteckten Winkel zu bestimmen.

Man macht den gesuchten Winkel zum Winkel eines Dreiecks mit den Seiten a, b, c, so ist $\operatorname{tg}\dfrac{\alpha}{2} = \sqrt{\dfrac{(s-b)(s-c)}{s(s-a)}}$; $s = \dfrac{a+b+c}{2}$.

13. Mit dem Prismenkreuz eine Gerade festzulegen, welche zwei gegebene Kreise berührt.

Man bezeichnet die vermuthlichen Berührungspunkte durch Signale und ebenso eine Anzahl benachbarter Punkte der Kreiscurven; mit Hülfe des Prismenkreuzes ist dann der Punkt aufzusuchen, der zwischen den äußersten Signalen liegt.

14. Zwei Punkte des Feldes mit dem Ufer eines Kanals so zu verbinden, daß die Summe der Verbindungswege am kleinsten ist.

Reflexionsgesetz; das von dem einen Punkte auf das Ufer gefällte Loth ist um sich selbst zu verlängern und der Endpunkt mit dem zweiten Punkt zu verbinden.

15. Die Mittelpunkte zweier Waldparzellen seien A und B, ihre gegenseitige Entfernung ist AB = 1265 m, die Entfernungen von dem geradlinigen Ufer eines Flusses sind AC = 316,25 m und BD = 948,75 m. Die Punkte A und B sollen durch gleich lange Wege mit dem Flusse verbunden werden. An welchem Punkte des Flußufers treffen die Wege zusammen, wenn sich in der Mitte von AB das Loth nicht errichten läßt?

Nach dem Pythagoras CD zu berechnen; sind die Theile von CD m und n und die Länge des Weges l, so ist $l^2 = AC^2 + m^2 = BD^2 + n^2$, außerdem $m + n = CD$.

16. Die Grenze zweier Grundstücke, welche der Länge nach zwischen parallelen Geraden liegen, besteht aus 4 Geraden, welche an einander stoßend in verschiedenen Richtungen verlaufen. Es soll diese Grenze in eine geradlinige verwandelt werden.

Eine beliebige Gerade MN zwischen den Parallelen betrachtet man als Grenze und ermittelt die Fläche zwischen dieser und der alten Grenze durch Zerlegung in Trapeze; diese Fläche sieht man an als diejenige eines Dreiecks mit der Grundlinie MN, die Höhe h wird berechnet und durch den Endpunkt der in M oder N errichteten h eine Parallele zu MN gezogen, welche eine der parallelen Grenzen im gesuchten Punkte schneidet.

II.
Aufgaben, in denen es sich um die mittelbare Messung von Strecken und Winkeln handelt unter Anwendung von Theodolit und Stahlband.

1. Die Punkte A und B sind zugänglich, das Terrain ist jedoch so beschaffen, daß man zur Bestimmung von AB die Strecken AC = b = 320 m, BC = a = 356 m und den $\angle$ C = γ = 57° 22' messen muß. Wie lang ist AB?
Anwendung des cosinus-Satzes resp. tang.- und sinus-Satzes.

1a. Es ist AC = 322 m, BC = 456 m, $\angle$ C = 60°; die Strecke AB durch Zeichnung zu finden.
Ein bestimmter Maßstab, etwa 1 : 5000 bei der Zeichnung zu Grunde zu legen und AB abzugreifen.

2. Die Entfernung des Punktes P von A und B soll berechnet werden aus der Standlinie AB = 35 m, $\angle$ A = 43° 25' 43" und $\angle$ B = 105° 12' 26".
Anwendung des sinus-Satzes.

2a. Die Strecken AP und BP durch Zeichnung zu bestimmen, wenn AB = 35 m, $\angle$ A = 15° und $\angle$ B = 67° 30' ist.
Entweder construire man die Winkel oder benutze den Transporteur oder die Tangententafel.

3. Eine ganz unzugängliche Strecke AB soll mittelbar gemessen werden. Die Standlinie CD = 55 m, die Visirlinien von C nach A und B bilden mit CD die Winkel γ_1 = 67° 50', γ_2 = 14° 12', diejenigen von D nach B und A die Winkel δ_1 = 135° 17' und δ_2 = 65° 2'.
Zweimalige Anwendung des sinus- und einmalige des cosinus-Satzes resp. tang.- und sinus-Satzes.

4. Drei Punkte A, B, C liegen in einer Geraden; es sollen die Entfernungen eines vierten Punktes P von denselben gesucht werden, wenn die Winkel $\varkappa = 32^0\ 13'$ und $\lambda = 36^0\ 17'$ gemessen sind, unter denen im Punkte P die Strecken AB = 255 m und BC = 319 m erscheinen.

Nach dem sinus-Satz ist $\dfrac{AB}{BP} = \dfrac{\sin \varkappa}{\sin A}$, $\dfrac{BP}{BC} = \dfrac{\sin C}{\sin \lambda}$,

durch Multiplikation $\dfrac{AB}{BC} = \dfrac{\sin \varkappa \cdot \sin C}{\sin \lambda \cdot \sin A}$ oder $\dfrac{\sin C}{\sin A} = \dfrac{AB \cdot \sin \lambda}{BC \cdot \sin \varkappa}$.

$\measuredangle C + \measuredangle A = 180^0 - (\varkappa + \lambda) = \omega$, $C = \omega - A$, $\sin C = \sin \omega$.

$\cos A - \cos \omega \cdot \sin A$, also $\sin \omega \cdot \operatorname{ctg} A - \cos \omega = \dfrac{AB \cdot \sin \lambda}{BC \cdot \sin \varkappa}$,

$\operatorname{ctg} A = \dfrac{AB \cdot \sin \lambda}{BC \cdot \sin \varkappa \cdot \sin \omega} + \operatorname{ctg} \omega$; hieraus ergibt sich $\measuredangle A$.

5. Die drei Punkte A, B, C sind ihrer gegenseitigen Lage nach bestimmt durch AB = 317 m, BC = 451 m und $\measuredangle$ ABC = $123^0\ 45'$. Diese 3 unzugänglichen Punkte lassen sich von einem Punkte P, der zwischen den Schenkeln des $\measuredangle$ ABC liegt, anvisiren, und es erscheint in P die Seite AB unter dem $\measuredangle \varkappa = 25^0\ 52'$ und BC unter $\measuredangle \lambda = 34^0\ 43'$. Wie groß sind die Entfernungen des Punktes P von den 3 Punkten?

Wie vorhin, nur $\measuredangle$ PAB + PCB = 4 R $-(B + \varkappa + \lambda) = \omega$.

5a. Es ist AB = 411 m, BC = 552 m, AC = 728 m. Auf der dem Punkte B entgegengesetzten Seite liegt der Punkt P, in welchem AB und BC unter den Winkeln $\varkappa = 30^0$ und $\lambda = 45^0$ erscheinen. Unter Zugrundelegung eines Maßstabes von 1 : 5000 sollen die Strecken AP, BP, CP durch Zeichnung gefunden werden.

Über AB und BC als Sehnen Kreise zu zeichnen, welche $\varkappa$ und λ als Peripheriewinkel fassen; dieselben schneiden sich in P, darauf PA, PB, PC auf dem Maßstabe abzutragen.

Zu 4, 5, und 5a: Man zeichne im Punkte p die beiden Winkel $\varkappa$ und λ möglichst genau nebeneinander auf Pauspapier, verschiebe dieses über dem im 1 : 5000 verjüngten Dreiecke so, daß die 3 Schenkel der Winkel $\varkappa$ und λ durch die entsprechenden Ecken gehen, steche p durch und greife Ap, Bp und Cp mit dem Zirkel ab, um sie auf den Maßstab zu übertragen und die Entfernungen im Felde zu erhalten.

— 7 —

6. Die Entfernung zweier durch eine tiefe Schlucht getrennten Bergspitzen A und B durch Rechnung zu finden, wenn man von denselben nach den Punkten P und Q mit der bekannten Entfernung PQ = 392 m visiren kann. Nach A hin gerichtet liegt der Punkt P, und die in A und B auf derselben Seite liegenden Winkel sind: PAB = 109°, QAB = $\varkappa$ = 50° 56′, QBA = 97° 30′, PBA = λ = 32° 46′.

Ist PQ = a, AB = x, so $\frac{AP}{x} = \frac{\sin \lambda}{\sin (PAB + \lambda)}$,

$\frac{a}{AP} = \frac{\sin (PAB - \varkappa)}{\sin AQP}$, hieraus $\frac{a}{x} = \frac{\sin \lambda \cdot \sin (PAB - \varkappa)}{\sin (PAB + \lambda) \sin AQP}$;

ferner $\frac{BQ}{x} = \frac{\sin \varkappa}{\sin (QBA + \varkappa)}$, $\frac{a}{BQ} = \frac{\sin (QBA - \lambda)}{\sin BPQ}$, hieraus $\frac{a}{x} =$

$\frac{\sin \varkappa \cdot \sin (QBA - \lambda)}{\sin (QBA + \varkappa) \cdot \sin BPQ}$; durch Gleichstellung der Werthe von $\frac{a}{x}$ erhält man eine Gleichung mit den 2 Unbekannten sin AQP und sin BPQ, man bilde den Quotient dieser beiden und eliminire 1 Unbekannte durch Benutzung der Gleichung AQP + BPQ = $\varkappa + \lambda$ wie in Aufg. 4.

7. Drei Punkte A, B, C sind ihrer Lage nach gegeben durch AB = c = 165 m, BC = a = 330 m und $\angle$ ABC = β = 115° 2′. In der Winkelöffnung liegen die Punkte P und Q und zwar so, daß von P aus die Punkte A, B und Q, von Q aus die Punkte C, B und P sichtbar sind. Man hat durch Messung gefunden $\angle$ APB = 19° 15′, $\angle$ BPQ = 75° 30′ und $\angle$ CQB = 48°, $\angle$ BQP = 74°. Wie lang ist PQ = x?
Die Winkel seien der Reihe nach $\varkappa, \lambda, \mu, \nu$, so ist

$\frac{c}{BP} = \frac{\sin \varkappa}{\sin A}$, $\frac{BP}{x} = \frac{\sin \mu}{\sin (\lambda + \mu)}$, hieraus $\frac{c}{x} = \frac{\sin \varkappa \cdot \sin \mu}{\sin A \cdot \sin (\lambda + \mu)}$;

$\frac{a}{BQ} = \frac{\sin \nu}{\sin C}$, $\frac{BQ}{x} = \frac{\sin \lambda}{\sin (\lambda + \mu)}$, hieraus $\frac{a}{x} = \frac{\sin \nu \cdot \sin \lambda}{\sin C \cdot \sin (\lambda + \mu)}$;

durch Division $\frac{c \cdot \sin \lambda \cdot \sin \nu}{a \cdot \sin \mu \cdot \sin \varkappa} = \frac{\sin C}{\sin A}$; die zweite Gleichung für die Unbekannten ist C + A = 6 R $- (\beta + \varkappa + \lambda + \mu + \nu) = \omega$.

8. Das Azimuth oder die Neigung einer geraden Linie AB in ihrem Endpunkte A zu bestimmen, wenn die Coordinaten der beiden Endpunkte gegeben sind; es sei

α) y_a = 425,7 m, $\qquad$ y_b = 517,6 m
$\quad$ x_a = 112,6 m, $\qquad$ x_b = 328,9 m.

— 8 —

β) $y_a = 425{,}7$ m, $\quad y_b = 56$ m,
$\quad x_a = 112{,}6$ m, $\quad x_b = 226$ m.

γ) $y_a = 425{,}7$ m, $\quad y_b = 17{,}6$ m,
$\quad x_a = 112{,}6$ m, $\quad x_b = -28{,}9$ m.

δ) $y_a = -934$ m, $\quad y_b = -456$ m,
$\quad x_a = +97$ m, $\quad x_b = -143$ m.

ε) $y_a = -567$ m, $\quad y_b = -678$ m,
$\quad x_a = -789$ m, $\quad x_b = -897$ m.

Ist α das gesuchte Azimuth, d. h. die Größe der Drehung der Nordlinie um A nach rechts bis in die Richtung AB, so $\tang \alpha = \frac{y_b - y_a}{x_b - x_a}$; der Quadrant für α wird bestimmt durch die Vorzeichen im Zähler und Nenner.

9. Die Coordinaten der Eckpunkte eines Dreiecks ABC sind
$y_a = 123{,}4$ m, $\quad y_b = 761{,}2$ m, $\quad y_c = -87{,}5$ m,
$x_a = 421{,}6$ m, $\quad x_b = 631{,}2$ m, $\quad x_c = 1262{,}3$ m.
Wie groß sind die Seiten und Winkel des Dreiecks?

Die Seiten findet man aus den Coordinaten nach dem Pythagoras; die Winkel aus den 3 Seiten oder aus den Azimuthen; diese letztern nach der vorigen Aufgabe.

10. Die Coordinaten von A und B sind in Metern:
$y_a = +64$, $\quad y_b = +823$,
$x_a = -39$, $\quad x_b = -672$;
die an AB nach oben liegenden Winkel sind $A = 19° 50'$ und $B = 25° 20'$. Welches sind die Coordinaten des dritten Eckpunktes C?

Aus den Coordinaten von A und B berechne die Länge von AB, so sind im Dreiecke bekannt 1 Seite und 2 Winkel, daraus läßt sich die Seite AC berechnen, aus dem Azimuthe von AB in A und dem $\triangle A$ findet man das Azimuth von AC, es sei ν_a^c, so sind die Coordinatenstücke von C: $\triangle y_c = AC \cdot \sin \nu_a^c$, $\triangle x_c = AC \cdot \cos \nu_a^c$.

11. Der Winkel ACB soll, weil sich das Instrument nicht centrisch zu C aufstellen läßt, mittelbar gemessen werden; man mißt deshalb $AC = 426$ m, $BC = 357$ m und in der Entfernung $CM = e = 2{,}5$ m von C die Winkel $AMC = 79° 52'$ und $BMC = 111° 13'$. Wie groß ist $\triangle ACB$?

Nach dem sinus-Satze lassen sich die Winkel A und B berechnen, dann ist
A + C = B + (BMC — AMC).

12. Auf geneigtem Terrain richtet man den mittlern Horizontalfaden des Breithaupt'schen Distanzmessers auf den Punkt der lothrecht stehenden Nivellirlatte, welcher der Instrumentenhöhe entspricht; die Ablesung am obern Faden ist $o = 3,456$ m, am untern $u = 1,674$ m, der Elevationswinkel der Visirlinie $\varepsilon = 17°\,56'\,30''$ und die Constante des Instruments $c = 0,53$ m. Wie groß ist die horizontale Entfernung der Latte vom Lothpunkte des Instruments? Weshalb ist die Instrumentenhöhe zu ermitteln?

Das zur Visirlinie senkrecht stehende Lattenstück wird sein $(o-u) \cdot \cos \varepsilon$, die Länge der Visirlinie $(o-u) \cdot \cos \varepsilon \cdot 100 + c$, die horizontale Projection derselben $[(o-u) \cdot \cos \varepsilon \cdot 100 + c] \cdot \cos \varepsilon$.

13. Es soll die Länge der Luftlinie zweier durch einen Fluß getrennten Bergspitzen A und B bestimmt werden. Zu dem Zwecke hat man sich an einem Punkte C im Niveau des Flusses mit einem Distanzmesser aufgestellt und nach Messung der Instrumentenhöhe folgende Ablesungen erhalten: an der in A lothrecht stehenden Latte $o_1 = 4,263$ m, $u_1 = 0,113$ m und den Elevationswinkel $\varepsilon_1 = 16°\,27'\,30''$; an der Latte in B ist $o_2 = 3,214$ m, $u_2 = 0,432$ m und $\varepsilon_2 = 18°\,15'$. Die horizontale Projection des Winkels ACB ist $\gamma = 127°\,55'$ und die Constante des Fernrohrs $c = 0,40$ m.

Man berechne die horizontalen Entfernungen des Punktes C von den Fußpunkten der Lothe von A und B nach der vorigen Aufgabe, hieraus mit Hülfe des $\angle \gamma$ nach dem cosinus-Satze die Projection der Geraden AB; die Erhebungen von A und B erhält man aus den Elevationswinkeln und den Längen der Visirlinien oder ihren Projectionen; aus der Differenz der Höhen und der Projection von AB findet man nach dem Pythagoras AB.

14. Mit einem Breithaupt'schen Tachymeter, an welchem die NS-Richtung der Boussole mit der Vertikalebene der Visirlinie einen Winkel von der Größe der magnetischen Deklination bildet, hat man im Punkte A für den Punkt P folgende Ablesungen ermittelt: das Azimuth von AP $\alpha = 143°\,9'\,50''$, an den Distanzfäden o = 4,756 m, u = 1,203 m, den Elevationswinkel ε = 22° 39'. Die Constante des Fernrohrs ist c = 0,40 m. Welches sind die Coordinaten von P, bezogen auf den geographischen Meridian und den Punkt A als Anfangspunkt? Welches ist die Höhenlage von P über dem Meeresspiegel, wenn die Erhebung von A über NN 122,429 m ist?

<small>Die horizontale Entfernung findet man nach Aufg. 12, aus dieser und dem Azimuth die Coordinaten x_p und y_p; die Höhe nach Aufg. 13.</small>

III.
Aufgaben über die Aufnahme und Berechnung von Polygonen.*)

1. Ein mit dem Theodolit und Stahlband aufgenommenes Dreieck hat die Seiten BC = 725 m, AC = 661 m, AB = 790 m und die Winkel A = 59° 4′ 37″, B = 49° 34′ 23″, C = 69° 21′. Da die Winkelsumme bedeutend von 180° abweicht, so soll durch Rechnung untersucht werden, ob ein einziger Winkel falsch gemessen ist und, im bejahenden Falle, welcher und um wie viel zu groß oder zu klein.

<small>Man lege eine Seite in die Abscissen-Axe oder parallel zur Ordinaten-Axe und wähle die Coordinaten des einen Endpunkts, etwa A, dieser Seite so, daß das ganze Dreieck im 1. Quadranten liegt; berechne von A aus die Coordinaten von B und C; berechne nun unter Zugrundelegung desselben Anfangs-Azimuths von A aus die Coordinaten von C und B; ergeben sich bei beiden Rechnungen für einen Eckpunkt dieselben Coordinaten, so ist dort der Scheitel des falsch gemessenen Winkels. Ergeben sich für B und C verschiedene Coordinaten, so wende man dasselbe Verfahren an, indem man von B ausgeht, oder suche beide Male die Coordinaten des Schlußpunkts. Aus dem Azimuthe des zweiten Schenkels des falschen Winkels und dem vorhergehenden Azimuthe findet man den richtigen Winkel.</small>

1a. Die Seiten des Dreiecks seien a = 725 m, b = 661 m, c = 790 m, die Winkel α = 59° 4′ 37″, β = 46° 30′, γ = 69° 21′. Man lege einen Maßstab 1 : 5000 zu Grunde und ermittele den Scheitel des fehlerhaft gemessenen Winkels durch Zeichnung.

<small>Da der Winkelfehler sehr groß ist, so wird sich bei Benutzung eines brauchbaren Transporteurs der Scheitel des fehlerhaften Winkels finden lassen, wenn man das Dreieck von einer Seite ausgehend rechtsum und linksum</small>

---
*) In Betreff der Fehlervertheilung siehe VIII.

aufträgt; ist ein einziger Winkel falsch gemessen, so werden sich in dessen Scheitel die beiden Dreiecke kreuzen.

2. Ein aus dem Umfange aufgenommenes Dreieck hat die Seiten a = 349 m, b = 885 m, c = 650,9 m und die Winkel $\alpha = 21°\,39'\,56''$, $\beta = 110°\,31'\,4''$, $\gamma = 47°\,49'$. Da die Winkelsumme richtig, die algebraische Summe der Coordinatenstücke aber bedeutend über das zulässige Maß von Null verschieden ist, so soll auf dem Wege der Rechnung untersucht werden, ob eine einzige Seite falsch gemessen ist und bejahendenfalls welche und um wie viel zu groß oder zu klein.

Man lege das Dreieck in Bezug auf die Coordinatenaxen so, daß eine Seite c in ihrem einen Endpunkte A ein für die Rechnung bequemes Azimuth hat; berechne die Coordinaten der beiden andern Ecken und diejenigen des Schlußpunktes S, verbinde S mit dem Anfangspunkte A und bestimme nach II. 8 das Azimuth von SA; vergleiche dasselbe mit denjenigen der Dreiecksseiten; findet man ein gleiches oder ein um 180° verschiedenes, so ist die zu diesem gehörige Seite die falsch gemessene; die Länge der Schlußlinie gibt die Größe des Fehlers, sie ist nach dem Pythagoras oder sinus zu ermitteln.

2a. Es soll die vorstehende Aufgabe mit Zirkel, Lineal und Winkelmesser gelöst werden.

Man trage das Dreieck in irgend einem Maßstabe von einem Punkte aus vollständig auf und sehe nach, ob die Schlußlinie mit irgend einer Dreiecksseite parallel ist.

3. Zwischen den Punkten A und E befindet sich ein dichter Bestand werthvoller Stämme; es soll A mit E durch einen kürzesten Weg verbunden werden. Zu dem Zwecke hat man um den Bestand den Polygonzug ABCDE gelegt und durch Messung gefunden:

AB = 378 m, BC = 590 m, CD = 316 m, DE = 279 m,

∡ ABC = 105° 12′, ∡ BCD = 180° 24′ 30″,

∡ CDE = 132° 56′ 30″.

Wie lang wird der Weg werden, und wie groß sind die Durchhiebswinkel? Letztere sind mit Rücksicht auf den kostbaren Bestand auf Sekunden genau zu berechnen.

Die Seite AB lege man parallel zur Ordinatenaxe oder in diese hinein, so daß A der Anfangspunkt des Systems ist, das Azimuth von AB im Punkte A ist dann 90°; zeichne den Polygonzug im Maßstabe 1 : 5000 von B weiter gehend nach oben im I. Quadranten, berechne die Coordinaten von B, C, D, E, ferner das Azimuth von AE in A; die Differenz der Azimuthe von AE und AB liefert den gesuchten Durchhiebswinkel in A. Die Länge des Weges ergibt sich nach dem Pythagoras oder aus den Coordinaten von E und dem Azimuth von AE.

4. Die Winkel eines Fünfecks ABCDE sind $A = 126°\,52'\,45''$, $B = 168°\,22'\,52''$, $C = 13°\,25'\,18''$, $D = 156°\,5'\,20''$, $E = 75°\,13'\,45''$. Das Azimuth der Seite AB in A ist $\nu_a^b = 113°\,5'\,17''$; es sollen die Azimuthe der übrigen Seiten nach rechts über B und nach links über E berechnet werden.

Das Azimuth der Seite BC in B ist $\nu_b^c = \nu_a^b + 180° - B$, das Azimuth der Seite CD in C ist $\nu_c^d = \nu_b^c + 180° - C$ u.s.w.; in der Richtung linksum ist das Azimuth von AE im Punkte A $\nu_a^e = \nu_a^b + A$, von ED: $\nu_e^d = \nu_a^e - 180° + E$, von DC: $\nu_d^c = \nu_e^d - 180° + D$ u.s.w.

5. Das Fünfeck ABCDE, in welchem die Seite DE nach Norden orientirt ist, soll durch Anwendung rechtwinkliger Coordinaten berechnet werden. Es ist $AB = 282$ m, $BC = 409$ m, $CD = 174$ m, $DE = 584$ m, $EA = 815{,}7$ m, $\angle A = 41°\,6'$, $\angle B = 210°\,24'$, $\angle C = 79°\,40'$, $\angle D = 152°\,5'$, $\angle E = 56°\,45'$. Ein etwaiger Fehler in den Coordinatenstücken soll nicht vertheilt werden. Auf welche Weise gestaltet sich die Berechnung am bequemsten?

Man wähle E als den Coordinatenanfang und lege ED nach Norden; weshalb? Berechne die Coordinaten sämmtlicher Ecken und wende die Formel an: $2F = y_2(x_1 - x_3) + y_3(x_2 - x_4) + \ldots$ und zur Controle $-2F = x_2(y_1 - y_3) + \ldots$ Vergl. VIII. 7 und 15.

6. Das vorstehende Fünfeck zu berechnen, wenn die Seite AB das Azimuth $\nu_a^b = 283°\,20'$ hat.

Man wähle den Coordinatenanfang so, daß das ganze Polygon in dem I. Quadranten liegt; dieses zu ersehen aus den berechneten Coordinatenstücken der einzelnen Punkte.

7. Dasselbe Fünfeck zu berechnen, wenn A der Anfangspunkt des Coordinaten-Systems und DE parallel zur Abscissenaxe ist und zwar links von derselben.

Das Fünfeck wird in den III. und IV. Quadranten fallen.

IV.
Aufgaben über den Anschluß eines Vermessungswerkes an die Landesvermessung.

Erklärung. Ein Vermessungswerk an die Landestriangulation anschließen heißt, die Coordinaten desselben auf einen bestimmten Punkt der letzteren beziehen, z. B. in der Gegend von Münden auf die Sternwarte in Göttingen; die rechtwinkligen Coordinaten der Polygonpunkte bei Münden haben also als Anfangspunkt den Dreieckspunkt der Sternwarte, und für das Azimuth oder die Neigung der Polygonseiten ist der Meridian der Sternwarte in Göttingen maßgebend; eine selbständige Bestimmung des Azimuths findet nicht statt. Unter dem Anschlußwinkel versteht man denjenigen Winkel, welcher zum Scheitel einen Polygonpunkt und zu Schenkeln eine von ihm ausgehende Polygonseite und die Visirlinie nach einem Dreieckspunkte des Landesnetzes hat.

1. Von zwei Punkten A und B der Landesvermessung mit den Coordinaten

$y_a = 2312$ m, $\qquad y_b = 3456$ m,
$x_a = 5632$ m, $\qquad x_b = 6015$ m

läßt sich der Punkt P des Polygons anvisiren; man mißt die Winkel PAB $= 56^\circ 17'$, PBA $= 37^\circ 10'$, APB $= 86^\circ 33'$, ebenso in P den Anschlußwinkel APQ $= 117^\circ 6' 30''$ mit der Polygonseite PQ. Welches sind die Coordinaten von P und welches ist das Azimuth von PQ?

Das Azimuth von AB und die Länge AB zu finden nach III. 8 und 9; aus v_a^b und dem $\angle$ PAB erhält man v_a^p, hieraus und aus dem Anschlußwinkel das Azimuth von PQ; zur Berechnung der Coordinatenstücke von P ist nach dem sinus-Satze die Strecke AP zu ermitteln. Zur Controle auch die Rechnung von B aus durchzuführen.

2. Drei Punkte A, B, C der Landesvermessung sind gegeben durch die Coordinaten
$$y_a = 624 \text{ m}, \quad y_b = 2912 \text{ m}, \quad y_c = 806 \text{ m},$$
$$x_a = 1632 \text{ m}, \quad x_b = 2017 \text{ m}, \quad x_c = 320 \text{ m}.$$
Von einem auf derselben Seite von AB mit C liegenden Punkte P des Vermessungswerkes erscheint AC unter dem $\angle \varkappa = 26°\,30'$ und BC unter dem $\angle \lambda = 14°\,40'$; der Anschlußwinkel APQ ist $\varphi = 75°\,15'$ nach A hin geöffnet. Gesucht sind die Coordinaten von P und das Azimuth der Seite PQ.

Die Pothenot'sche Aufgabe vergl. II. 9 und 5.

3. Die Coordinaten von A, B, C sind
$$y_a = +106 \text{ m}, \quad y_b = -345 \text{ m}, \quad y_c = +432 \text{ m},$$
$$x_a = -437 \text{ m}, \quad x_b = +\ 82 \text{ m}, \quad x_c = +480 \text{ m}.$$
AB erscheint in P unter dem Winkel BPA = 84°, BC unter dem $\angle$ BPC = 141°; der Anschlußwinkel ist BPQ = 123°, wo Q nach der Seite von C hin liegt. Wie groß ist das Azimuth von PQ, und welches sind die Coordinaten des Punktes P, der sich gemäß den gegebenen Winkeln im Innern des Dreiecks ABC befindet?

Die Berechnung wie in 2.

4. Die Coordinaten zweier Dreieckspunkte A und B der Landestriangulation sind
$$y_a = +\ 680 \text{ m}, \qquad y_b = +1614 \text{ m},$$
$$x_a = -1404 \text{ m}, \qquad x_b = -1110 \text{ m}.$$
Mit Hülfe dieser Punkte muß der Anschluß beim Vermessen einer Feldmark vermittelt werden; dieselben lassen sich nur anvisiren von 2 Punkten P und Q des gelegten Polygons; diese Punkte liegen wiederum so, daß sich die Strecke PQ wegen eines dazwischen liegenden Seees und naher dichter Bestände und Anhöhen nicht direct, sondern nur durch die gegebenen Coordinaten und durch Winkelmessung finden läßt. Die Winkel auf derselben Seite von PQ sind: APQ = 138°, BPQ = 63° 20′, BQP = 85°, AQP = 24° 13′, $\angle$ APQ ist zugleich Anschlußwinkel. Wie lang ist PQ? Welches sind die Coordinaten von P? Welches Azimuth hat die Polygonseite PQ?

Hansen'sche Aufgabe, vergl. II. 6.

— 16 —

5. Die Coordinaten der 2 Dreieckspunkte A und B sind in Metern $y_a = -402$, $x_a = +339$ und $y_b = +139$, $x_b = -437$; die Polygonseite PQ liegt so, daß sie die Gerade AB schneidet, die zu messenden Winkel also auf verschiedenen Seiten von PQ liegen. $\angle APQ = 76^0$, $\angle BPQ = 20^0$, $\angle AQP = 14^0\,30'$, $\angle BQP = 66^0\,30'$. Welches sind die Coordinaten von Q und das Azimuth von QP, wenn P nach A hin liegt?

<small>Die zunächst zu suchenden Winkel liegen in Aufgabe 4 auf derselben Seite von AB, hier auf entgegengesetzten Seiten; dort ist die Summe derselben bekannt, hier die Differenz.</small>

6. Ein unzugänglicher Dreieckspunkt P der Landesvermessung liegt so, daß er sich nur anvisiren läßt von 2 Punkten A und C, welche nicht Endpunkte einer und derselben Polygonseite, sondern die Endpunkte von 2 Seiten AB und BC sind, welche in B den $\angle \beta = 136^0$ bilden; man mißt AB = 216 m, BC = 150 m, $\angle PAB = 61^0\,20'$, $\angle PCB = 78^0\,5'$. Die anderweitig hergeleitete Neigung der Seite AB in A ist $\nu_a^b = 109^0\,57'$. Wie kann man diese Zahlen zur Prüfung des Polygonzuges benutzen?

<small>Nach der Berechnung der Seite AP sind die Coordinatenstücke von P und daraus die Coordinaten selbst zu finden; ergibt die Rechnung ein Resultat, welches mit den vom Katasteramte gelieferten Coordinaten des Punktes P übereinstimmt, so ist in den Coordinatenstücken bis zum Punkte A kein Fehler gemacht.</small>

7. Die Kirchthurmspitze A ist ein Dreieckspunkt, in welchem die Winkel nicht beobachtet sind; ein in der Nähe vorbeiführender Polygonzug soll durch denselben geprüft werden; die Punkte, von denen aus er anvisirt werden kann, sind M und Q, während die zwischen diesen liegenden Polygonpunkte N, O, P durch einen Wald gegen A hin verdeckt sind. Die Neigung von MN in M ist $\nu_m^n = 123^0$; ferner sind gemessen $\angle AMN = 86^0\,55'$, $\angle N = 149^0\,2'$, $\angle O = 217^0$, $\angle P = 76^0\,30'$ (die Winkel liegen nach A hin), $\angle AQP = 96^0\,20'$, MN = 151 m, NO = 199 m, OP = 184 m, PQ = 235 m. Die Coordinaten von A sind zu suchen und mit denen im Verzeichnis der Landesvermessung zu vergleichen; ist das Ergebnis zufriedenstellend, so sollen die Coordinaten von Q über N, O, P berechnet und, über A fortschreitend, geprüft werden.

Nach Aufgabe III. 3 die Gerade MQ und die Winkel NMQ und PQM zu berechnen, indem man passend M als Coordinatenanfang nimmt; aus MQ und den anliegenden Winkeln findet man AM und AQ; die Coordinaten von Q wie in III. 5.

8. Die Coordinaten von A, B und C sind:
$$y_a = -500; \quad y_b = 100; \quad y_c = 400$$
$$x_a = +380; \quad x_b = 720; \quad x_c = 550;$$
in D erscheinen AB und BC unter den Winkeln $\varkappa = 39^\circ\,3'\,17''$ und $\lambda = 20^\circ\,1'\,23''$. Wie lang ist AD? Der Punkt D liegt mit B auf verschiedenen Seiten von AC.

Ein besonderer Fall der Pothenot'schen Aufgabe.

V.
Aufgaben über das Abstecken von Kreiscurven.

1. Es sind auf dem Felde 2 Richtungen gegeben, welche man durch eine Kreiscurve mit dem bekannten Halbmesser r verbinden soll. Es soll angeführt werden, mit welchen Hilfsmitteln und wie man den Mittelpunkt des Kreises und die Endpunkte der Curve festlegt.

In jeder der Geraden errichte man ein Loth = r und ziehe durch ihre Endpunkte Parallelen zu den Geraden; dieselben schneiden sich im Centrum; von diesem fälle man Lothe auf die Geraden, ihre Fußpunkte sind die Berührungspunkte.

Oder: Ist der Schnittpunkt der gegebenen Geraden zugänglich, so schneide man an demselben ein gleichschenkliges Dreieck ab, die Höhe desselben ist ein geometrischer Ort für das Centrum.

Oder: Ist der Winkel am Schnittpunkte A der Tangenten gemessen, so ist die Strecke bis zum Berührungspunkte $= r \cdot \operatorname{ctg} \dfrac{A}{2}$.

2. Zwei gegebene Gerade sollen durch eine Curve vom Radius r = 1000 m mit einander verbunden werden nach der Coordinatenmethode, bei welcher die Tangente Abscissenaxe und der Berührungspunkt Coordinatenanfang ist. Wie groß sind bis auf cm genau y_1, y_2 und y_3, wenn die Abscissen $x_1 = 100$ m, $x_2 = 200$ m und $x_3 = 300$ m sind?

$$y = r - \sqrt{r^2 - x^2} = r - r \cdot \sqrt{1 - \left(\frac{x}{r}\right)^2} = r - r\left[1 - \left(\frac{x}{r}\right)^2\right]^{\frac{1}{2}}$$

$$= r - r \cdot \left(1 - \frac{1}{2} \cdot \frac{x^2}{r^2} + \frac{\frac{1}{2} \cdot \frac{1}{2} - 1}{1 \cdot 2} \cdot \frac{x^4}{r^4} - \cdots\right)$$

$$= r - r + \frac{1}{2} \frac{x^2}{r} + \frac{1}{8} \frac{x^4}{r^3} + \cdots \quad = \frac{1}{2} \frac{x^2}{r} + \frac{1}{8} \frac{x^4}{r^3} + \cdots$$

Ist $x_2 = 2x_1$, $x_3 = 3x_1 \ldots$, so annähernd $y_2 = 4y_1$, $y_3 = 9y_1 \ldots$ Da die Ordinaten auf cm genau angegeben werden sollen, so ist das 2. Glied noch zu berücksichtigen.

3. Eine gerade Eisenbahnlinie soll durch eine Curve vom Radius $r = 2500$ m in eine andere Richtung übergeführt werden, welche mit der erstern Richtung einen Winkel $\alpha = 135°$ bildet. In welcher Entfernung vom Schnittpunkte der beiden Geraden tritt die Eisenbahn in die neue Richtung ein, und welches sind die Coordinaten der Curvenmitte, wenn eine Tangente Abscissenaxe und ihr Berührungspunkt Coordinatenanfang ist?

Die Entfernung ist $2500 \cdot \operatorname{ctg} 62°30'$; die Coordinaten der Curvenmitte sind: $x = r \cdot \sin 22°30'$, $y = 2r \sin^2 11°15'$.

4. Die 2 Geraden AB und AC, deren Schnittpunkt A unzugänglich ist, soll man durch eine Curve vom Radius $r = 500$ m verbinden. Man steckt zu dem Zwecke zwischen denselben die Strecke MN $= 390$ m ab und mißt die Winkel BMN $= 144°30'$ und CNM $= 92°$. In welcher Entfernung von M und N liegen die Berührungspunkte, und welches sind, bezogen auf die Tangente, die Coordinaten der Curvenmitte?

Im Dreiecke AMN berechne man aus MN und den anliegenden Winkeln die Strecken AM und AN, nach 3. die Länge der Tangenten, die Differenz der Tangente und AM liefert die Entfernung des einen Berührungspunktes von M, ebenso findet man den zweiten.

Die Antwort auf die 2. Frage siehe vorige Aufgabe.

5. In welcher Entfernung von A liegt die Curvenmitte, wenn die Angaben der Aufgabe 3 zu Grunde gelegt werden?

Ist O der Mittelpunkt des Kreises, so $AO = \dfrac{r}{\sin \dfrac{A}{2}}$, die Entfernung der Curvenmitte von A ist $AO - r$.

6. Die Lage von 3 nach der Viertelsmethode gefundenen Punkten der einen Curvenhälfte soll durch trigonometrische Berechnung controlirt werden, wenn $r = 600$ m und der Winkel, den die beiden Tangenten bilden, $\alpha = 61°50'$ ist.

Sind A und B die Berührungspunkte, so ist die Entfernung der Mitte M der Sehne AB von der Mitte N der Curve:

$$MN = r - r \cdot \cos\left(90^\circ - \frac{\alpha}{2}\right) = r\left(1 - \cos\left(90^\circ - \frac{\alpha}{2}\right)\right) =$$
$$2r \cdot \sin^2\left(45^\circ - \frac{\alpha}{4}\right);$$

diese MN mißt man ev. im Terrain ab. Nach der Viertelsmethode errichtet man in der Mitte von NA das Loth $mn = \frac{1}{4}$ MN und findet so den Curvenpunkt n; die Lothe in der Mitte von An und Nn errichtet, sind dann $pq = \frac{1}{4}$ mn; diese Lothe mn und pq sind trigonometrisch zu berechnen.

7. Zwischen den Berührungspunkten B und C der Tangenten, welche in A den Winkel $\alpha = 60^\circ\,35'$ bilden, sollen unter Benutzung eines Theodolit 5 Punkte der Kreiscurve durch Peripheriewinkel festgelegt werden, welche auf dem Kreise gleiche Entfernungen haben. Wie lang sind von B aus gerechnet die 3 ersten Sehnen, wenn der Radius $r = 275$ m ist?

Der in B mit dem Theodolit an BA zunächst anzulegende Winkel für die erste Sehne s_1 ist gleich der Hälfte des zum 6. Theile des Bogens gehörigen Centriwinkels, also $= \frac{180^\circ - \alpha}{12} = 15^\circ - \frac{\alpha}{12}$; s_1 zu berechnen aus dem Centriwinkel $30^\circ - \frac{\alpha}{6}$ und r; s_2 und s_3 ebenso zu finden und abzutragen auf den Schenkeln der an BA in B angelegten Winkel, welche das Doppelte und Dreifache des ersten sind.

8. Die Geraden AB und AC bilden den Winkel $\alpha = 68^\circ$ mit einander; dieselben sollen durch 2 Kreisbögen, welche die Geraden in B und C und sich selbst im Innern irgendwo berühren, verbunden werden. Die Tangenten sind AB $= 210$ m, AC $= 263$ m, der in B berührende Kreisbogen hat den Radius $r = 112$ m. Wie groß ist der Radius r_1 des zweiten Kreisbogens? Wie lang ist die Tangente zwischen AB und AC im gemeinschaftlichen Berührungspunkte?

In B und C denke man sich die Lothe errichtet, das in B errichtete mache man $= r$, verlängere dasselbe über den Mittelpunkt O des einen Kreisbogens hinaus bis zum Schnittpunkte D des zweiten Lothes, durch D ziehe man die Parallele DE zu CA, das Loth von B auf AC schneide

DE in E und sei selbst DF, so ist, wenn der Mittelpunkt der zweiten Kreiscurve M ist: $\angle$ ODM $= \alpha$ und

$$AC = 263 = 210 \cdot \cos \alpha + (r + OD) \cdot \sin \alpha$$
$$DC = 210 \cdot \sin \alpha - (r + OD) \cdot \cos \alpha;$$

aus der ersten Gleichung erhält man OD und aus der zweiten DC; es ist OM $= r_1 - r$, MD $= r_1 - DC$, folglich nach dem cosinus-Satze:

$$(r_1 - r)^2 = OD^2 + (r_1 - DC)^2 - 2 \cdot OD \cdot (r_1 - DC) \cdot \cos \alpha.$$

Nachdem r_1 bekannt ist, findet man nach dem sinus-Satze den Centriwinkel M und aus diesem und $\angle \alpha$ den $\angle$ O; mit Hülfe dieser Winkel und der Radien berechnet man die Stücke der gemeinschaftlichen Tangente.

VI.

Aufgaben über die Theilung von Figuren.*)

a) Die zu theilende Fläche hat überall dieselbe Bonität.

1. Das Dreieck ABC hat die Seiten AB = 250 m, BC = 335 m, CA = 487 m; durch eine Gerade BD soll eine Fläche ABD abgeschnitten werden, welche die Größe f = 965 qm hat.

α) Die Aufgabe ist bei ganz übersehbarem Terrain zu lösen, also AD gesucht;

β) zwischen AC einerseits und B andererseits befindet sich eine 15 jährige Fichtenschonung, also der Durchhiebswinkel ABD = $\varkappa$ zu berechnen.

Ist ABC = F, so

α) $\frac{1}{2}$ AD . AB . sin A = f oder AD : AC = f : F.

β) $\frac{1}{2}$ AB . BD . sin $\varkappa$ = f

$\frac{1}{2}$ BC . BD . sin (B — $\varkappa$) = F — f, hieraus durch Division:

$$\frac{BC . \sin(B - \varkappa)}{AB . \sin \varkappa} = \frac{F-f}{f},$$ woraus $\varkappa$ zu berechnen ist.

2. Das Dreieck ABC ist gegeben durch AB = 320 m, BC = 256 m, $\angle$ ABC = 87° 30′; in der Seite BC von B um 100 m entfernt liegt der Punkt D, von dem aus durch eine Gerade DE das Stück CDE abgeschnitten werden soll, so daß CDE : CBA = 2 : 3 ist.

CE aus dem Inhalt von CDE zu finden.

3. Das Dreieck ABC ist bestimmt durch AB = 250 m, $\angle$ A = 55° 15′, $\angle$ C = 23° 35′; durch eine Theilungslinie

---

*) Zur Prüfung empfiehlt sich außer der Controlrechnung die Anwendung eines Planimeter.

DE ∥ AC soll von dem Dreiecke ein Stück BDE = 526 qm abgeschnitten werden; wo liegen die Punkte D und E?
  Ähnliche Dreiecke verhalten sich wie die Quadrate homologer Seiten.

4. Das Dreieck der vorstehenden Aufgabe durch DE ∥ FG ∥ AC in 3 Theile zu theilen, so daß BDE : DEFG : FGCA = 2 : 3 : 4 ist. Wo sind DE und FG zu ziehen?

5. Von einem Dreiecke mit AB = 255 m, $\angle$ A = 54°, $\angle$ B = 80° soll durch eine Gerade DE $\perp$ AC ein Stück abgeschnitten werden, welches den Inhalt f = 1 ha 2 a 3 qm hat.
  Die Höhe BF zu AC läßt sich bestimmen, AE . DE = 2 f, DE aus der Ähnlichkeit der Dreiecke oder DE = AE . tg A.

6. Ein Dreieck ABC von einem Punkte D der Seite BC durch die Geraden DE und DF in 3 gleiche Theile zu theilen. Es sei AB = 164 m, BC = 274 m, $\angle$ B = 117° 25′, BD = 60 m; wo liegen auf der Seite CA die Punkte E und F?
  Vergl. 2.

7. Das Viereck ABCD mit AB = 340 m, BC = 400 m, CD = 115 m, DA = 530 m und dem $\angle$ A = 45° 15′ soll von der Ecke C aus halbirt werden. Welche Linien sind auf dem Felde zur Lösung der Aufgabe abzustecken? Wo wird die Seite AB von der Theilungslinie geschnitten?
  Die Diagonale BD wird in O halbirt, durch O die Parallele zu CA gezogen, welche AB in dem gesuchten Punkte schneidet; ist X der gesuchte Punkt in AB, so $\frac{1}{2}$ BX . BC . sin B = $\frac{1}{2}$ ABCD.

8. Es ist AB = 354 m, BC = 572 m, CA = 735 m; in der Seite BC ist BD = 133 m. Von D aus soll das Dreieck in 4 gleiche Theile getheilt werden. Wo liegen die Endpunkte der Theilungslinien?
  Vergl. 2, 6 u. 7.

9. Das Dreieck ABC mit AB = c = 35 m, BC = a = 57 m, CA = b = 73 m soll von einem Punkte P im Innern in 3 gleiche Theile getheilt werden, so daß die Theilungslinien durch die Ecken gehen. In welcher Entfernung von A liegt der Punkt P?
  P ist der Schwerpunkt des Dreiecks und AP zu finden aus $b^2 + c^2 = \frac{a^2}{2} + 2 t_a^2$, wo t_a die Schwerlinie von A aus ist.

10. Ein Dreieck mit den Seiten $AB = 200\,m$, $BC = 300\,m$, $CA = 350\,m$ so in 2 Theile ADE und DECB zu theilen, daß die Umfänge und Flächen derselben einander gleich sind. In welcher Entfernung von A liegen D und E?

Ist $AD = x$, $AE = y$, so liefert die erste Bedingung eine Gleichung 1. Grades in x und y; aus der zweiten Bedingung ergibt sich
$$x \cdot y = \tfrac{1}{2} AB \cdot AC.$$

11. Ein gegebenes Dreieck in 2 gleiche Theile zu theilen durch eine Gerade DE, welche einer Geraden MN im Felde parallel ist.

Man ziehe BF ∥ MN und BG, wo G Mitte von AC ist; ist DE Halbirungslinie des Dreiecks, so ist $\triangle CDE = \triangle CBG$; ferner $CDE : CBF = CE^2 : CF^2$ und $CBF : CBG = CF : CG$, also
$$CDE = \frac{CE^2}{CF^2} \cdot CBF \quad \text{und} \quad CBF = \frac{CF}{CG} \cdot CBG = \frac{CF}{CG} \cdot \tfrac{1}{2} ABC,$$ deshalb
$$CDE = \frac{CE^2}{CF^2} \cdot \frac{CF}{CG} \cdot \tfrac{1}{2} ABC \quad \text{oder} \quad 1 = \frac{CE^2}{CF \cdot CG},$$ d. h. $CE^2 = CF \cdot \tfrac{1}{2} AC$, also CE als mittlere geometrische Proportionale zu CF und $\dfrac{AC}{2}$ zu construiren.

12. Von einem Parallelogramm ABCD durch eine Gerade PQ ∥ MN im Felde ein Stück $ABPQ = \tfrac{2}{5} ABCD$ abzuschneiden, wo PQ die Seiten AD und BC trifft.

Man theile AD in 5 gleiche Theile und mache $AE : AD = 2 : 5$, ferner $EF = EA$, verbinde B mit F, halbire BF in O und ziehe durch O die Gerade PQ ∥ MN.

Beweis. $\triangle ABF : ABCD = \dfrac{AF}{2} \cdot h : AD \cdot h = AE : AD = 2 : 5$.

$\triangle BOP = \triangle FOQ$, folglich $ABPQ = ABF = \tfrac{2}{5} ABCD$.

13. Ein Paralleltrapez ABCD durch die Gerade MN ∥ BC ∥ AD zu halbiren. Wie lang ist MN, wenn $AB = 220\,m$, $BC = 295\,m$, $CD = 184\,m$, $\angle A = 55°$ ist?

$AD = a$ läßt sich berechnen, nachdem man die Parallele durch B zu CD gezogen, $h = 220 \cdot \sin 55°$; ist $BC = b$, $MN = x$, h_1 die Höhe des untern Trapezes, so ergeben sich 2 Werthe von h_1 aus den Gleichungen:
$$\frac{a+x}{2} \cdot h_1 = \frac{1}{2} \cdot \frac{a+b}{2} \cdot h \quad \text{und} \quad \frac{x+b}{2} \cdot (h - h_1) = \frac{1}{2} \cdot \frac{a+b}{2} \cdot h.$$

Durch Gleichstellung der Werthe von h_1 erhält man $x^2 = \dfrac{a^2 + b^2}{2}$; nach Construction resp. Berechnung von $MN = x$ ist die gefundene Strecke auf AD ab- und durch eine Parallele zu AB resp. DC in das Trapez einzutragen.

14. Die 4 Seiten eines Trapezes seien AB = 220 m, BC = b = 295 m, CD = 184 m, DA = a = 450 m; durch MN ∥ AD soll ein Stück AMND = f = 70 a 50 qm abgeschnitten werden. In welcher Entfernung von AD ist MN zu ziehen?

Die Höhe h und die ganze Fläche F sind aus den gegebenen Stücken zu finden; es ist dann für MN = x und die gesuchte Entfernung h_1:

$\frac{a+x}{2} \cdot h_1 = f$ und $\frac{x+b}{2} \cdot (h-h_1) = F-f$; hieraus x und h_1 zu berechnen.

In der Praxis kann man häufig die abzuschneidende Fläche als Dreieck betrachten, in unserm Falle ist dann AD die Grundlinie und $\frac{1}{2}$ AD · h = f oder $h = \frac{2f}{AD}$; durch die Parallele zu AD im Abstande h erhält man in CD den Punkt P und das Dreieck ADP = f, durch den Halbirungspunkt von AP zieht man MN ∥ AD.

Oder man betrachtet das abzuschneidende Stück als Parallelogramm mit der Höhe h, so daß AD · h = f ist; durch die Parallele im Abstande h zu AD erhält man ein Trapez; den Inhalt dieses Trapezes ermittelt man durch Messung und setzt dann die fehlende Fläche durch Ziehen einer Parallele hinzu, oder, wenn die Theillinie nicht parallel zu AD zu sein braucht, als Dreieck.

15. Das Sechseck ABCDEF ist durch die Seiten und die Diagonalen von A aus gegeben; AB = 72 m, BC = 73 m, CD = 55 m, DE = 61 m, EF = 83 m, FA = 133 m, AC = 132 m, AD = 121 m, AE = 162 m; man soll dasselbe von A aus in 3 gleiche Theile theilen; wo liegen die Endpunkte x und y der Theilungslinien?

Nachdem ich die Fläche F der ganzen Figur als Summe der einzelnen Dreiecke berechnet habe, finde ich das Dreieck, in welches die erste Theillinie fällt; Ax falle in ACD, so ist ABC + ACx = ABC + $\frac{1}{2}$ AC · h = $\frac{1}{3}$ F; hieraus h zu finden, in irgend einem Punkte von AC zu errichten und durch den Endpunkt von h die Parallele zu AC zu ziehen; der Schnittpunkt derselben mit CD ist der Punkt x. Oder ACx = $\frac{1}{3}$ F — ABC und ACx : ACD = Cx : CD, wo Cx unbekannt ist.

Fällt die Theillinie Ay in das △ AEF, so hat man AxD + ADE + AEy = $\frac{1}{3}$ F; hieraus AEy zu bestimmen, dann AEy : AEF = Ey : EF.

16. Die Coordinaten der Punkte des Siebenecks ABCDEFG sind: $x_a = 0$, $x_b = 88$, $x_c = 117$, $x_d = 61$, $x_e = 0$,
$y_a = 0$; $y_b = 64$; $y_c = 122$; $y_d = 196$; $y_e = 156$;

$$x_f = -93, \quad x_g = -18,$$
$$y_f = 193; \quad y_g = 69.$$

Parallel zur x-Axe soll die ganze Fläche in 2 Hälften getheilt werden; wo schneidet die Theilungslinie die y-Axe.

Durch jeden Punkt des Polygons ziehe man bis zum Schnitt mit einer gegenüberliegenden Seite parallele Gerade zur x-Axe; dadurch wird das Ganze in Trapeze zerlegt, deren Inhalte zu berechnen sind; ihre Summe ergibt den Gesammtinhalt F, den man zur Controle auch nach III. 5 ermittelt. Von den einzelnen Flächen addirt man von A aus so viele, daß man $\frac{1}{2}$ F nahe kommt und ersieht auf diese Weise, in welches Trapez die gesuchte Theillinie fällt; von diesem Trapez ist nach Aufgabe 14 das berechnete Stück abzuschneiden. Die Höhen der einzelnen Trapeze sind als Differenzen der Ordinaten bekannt, ihre parallelen Seiten sind zum Theil Abscissen, der Rest ist nach der Proportionalität der Linien zu finden, z. B. das Trapez zwischen den Parallelen durch G und C hat als Höhe $y_c - y_g = 122 - 69 = 53$. Die Parallele Gp durch G besteht aus $x_g + x_b$ und einem Stück pq zwischen der verlängerten y_b und BC; es ist $pq : (x_c - x_b) = (y_g - y_b) : (y_c - y_b)$, also
$$pq = \frac{69 - 64}{122 - 64} \cdot (117 - 88) = 2{,}016, \text{ also } Gp = 18 + 88 + 2{,}016.$$
Die Parallele Cm durch C ist $= x_c + x_g + mn$, wo mn sich ergibt aus der Proportion $mn : (x_f - x_g) = (y_c - y_g) : (y_f - y_g)$, also
$$Cm = 117 + 18 + 32{,}06.$$

17. Das vorstehende Siebeneck soll parallel zur x-Axe in 3 Theile getheilt werden, so daß von A aus gerechnet $f_1 : f_2 : f_3 = 1 : 2 : 3$ ist. In welchen Punkten wird AE von den Theilungslinien MN und PQ geschnitten?

Man ermittelt, wie in der vorigen Aufgabe, die Gesammtfläche F und sucht durch Vergleichung der einzelnen Flächen resp. mehrerer mit $\frac{1}{6}$F und darauf mit $\frac{2}{6}$F dasjenige Trapez auf, in welches MN resp. PQ fallen müssen. Ist z. B. die Summe der 2 ersten Trapeze kleiner als $\frac{1}{6}$F, die Summe der 3 ersten aber größer, so fällt MN in das 3. Trapez; der Überschuß von $\frac{1}{6}$F über den Flächeninhalt der 2 ersten Trapeze ist dann noch nach Aufgabe 14 vom dritten abzuschneiden.

b) Die zu theilende Fläche ist von verschiedener Bonität.

1. Zwei an einander grenzende Grundstücke haben die Form von Rechtecken ABCD und CDEF mit der gemeinschaftlichen Länge AB $= 40{,}4$ m; die Bonität des ersten ist $b_1 = 5$ M.

pro 1 qm, die Breite AD = 28,6 m; die Bonität des zweiten b_2 = 7,5 M. und die Breite DE = 22,4 m. Die ganze Fläche ist durch mn ∥ AB in 2 Theile von gleichem Werthe zu theilen; wohin ist mn zu legen?

Fläche I hat den Werth 40,4 . 28,6 . 5 M. = 5 777,20 M.
    » II » » » 40,4 . 22,4 . 7,5 M. = 6 787,20 M.

Die Gesammtfläche hat also den Werth 12 564,40 M., jeder Theil muß demnach den Werth 6 282,20 M. haben. Da die ganze erste Fläche diesen Werth nicht hat, so fällt mn in die zweite und zwar dahin, daß das abgeschnittene Stück CDnm den Werth 6 282,20 M. — 5 777,20 M. = 505 M. hat; die Fläche ist also $\frac{505}{7,5}$ qm, die Breite derselben ergibt sich aus 40,4 . h = $\frac{505}{7,5}$.

2. Zwei neben einander liegende Grundstücke F_1 und F_2 von rechteckiger Form mit der Länge von 72 m und den Breiten 32,5 m und 21,5 m haben die Bonitäten b_1 = 3 M. und b_2 = 4 M.; die ganze Fläche soll parallel zur Länge unter 3 Personen vertheilt werden, so daß sich die Antheile verhalten wie A : B : C = 2 : 3 : 4; wo sind die Theillinien zu ziehen?

Der Werth der Gesammtfläche ist $F_1 . b_1 + F_2 . b_2$ = W = 13 212 M., die Antheile haben also den Werth A = $\frac{2}{9}$ W, B = $\frac{3}{9}$ W, C = $\frac{4}{9}$ W. Es ist A = 2 936 M., der Werth von F_1 ist 7 020 M., also wird der der erste Theil ganz von F_1 genommen und zwar 2 936 M. : 3 M. = 978,67 d. h. 978,67 qm, die Breite dieser Fläche h = $\frac{978,67}{72}$ m. Von F_2 bleiben noch 2 340 qm — 978,67 qm = 1361,33 qm mit dem Werthe 4 083,99 M.; der zweite Theil hat den Werth 4 404 M., also ist von F_2 noch für 320,01 M. oder $\frac{320}{4}$ = 80 qm abzuschneiden; die Breite dieses Streifens ist $h_1 = \frac{80}{72}$.

3. Zwei benachbarte Grundstücke F_1 und F_2 mit den Bonitäten b_1 und b_2 werden der Länge nach von parallelen Geraden begrenzt, während die Endgrenzen ganz beliebig sein mögen. Senkrecht zur Längsseite AB der ersten Fläche F_1 soll das Ganze in 2 gleichwerthige Theile getheilt werden.

Der Werth der ganzen Fläche ist $F_1 . b_1 + F_2 . b_2$ = W; mit Rücksicht auf die Aufgabe lege man die vorläufige Theillinie mnp ⊥ AB, berechne den Werth W_1 des nach A hin liegenden Theiles und vergleiche ihn mit $\frac{1}{2}W$; gesetzt, es sei der Werth des abgeschnittenen Stückes zu klein um $\frac{1}{2}W - W_1$, ein Flächenstreifen von der Breite h ist dann noch hinzuzufügen, so daß $mn \cdot h \cdot b_1 + np \cdot h \cdot b_2 = \frac{1}{2}W - W_1$, also $h = \dfrac{\frac{1}{2}W - W_1}{mn \cdot b_1 + np \cdot b_2}$ wird.

4. Das Fünfeck, welches von unten links angefangen im Sinne des Uhrzeigers die Ecken ABCDE hat, ist gegeben durch AB = 84 m, BC = 55 m, CD = 96 m, DE = 100 m, EA = 87 m, CA = 123 m, CE = 154 m und hat die Bonitäten b_1 in ABC, b_2 in ACD und b_3 in ECD. In welchem Abstande von AB liegen die Theilungslinien mn und xy, wenn durch mn ∥ xy ∥ AB das Fünfeck in 3 gleichwerthige Theile zerlegt werden soll?

Der Werth des Ganzen ist $ABC \cdot b_1 + ACE \cdot b_2 + ECD \cdot b_3 = W$ zwischen BC und AE lege man nach Gutachten die Theillinie mn, so daß annähernd ABmn den Werth $\frac{1}{3}W$ hat; dadurch wird von ABC das Stück ABmp, von ACED das Stück Apn abgeschnitten; der Werth des Abschnittes ist dann nach Messung von mp, pn und der Breite h zu berechnen, er ist $\dfrac{AB + mp}{2} \cdot h \cdot b_1 + \dfrac{np}{2} \cdot h \cdot b_2 = W_1$. Findet man, daß W_1 kleiner ist als $\frac{1}{3}W$, so ist noch ein Streifen von der Breite h_1 hinzuzufügen, so daß $mp \cdot h_1 \cdot b_1 + pn \cdot h_1 \cdot b_2 = \frac{1}{3}W - W_1$ wird, woraus h_1 zu berechnen. Darf der Flächenstreifen nicht als Rechteck betrachtet werden, so fahre man näherungsweise mit der Rechnung und Messung fort. Mit xy mache man es ebenso.

5. Das Paralleltrapez ABCD mit den parallelen Seiten AD und BC hat die Seiten AB = 39 m, BC = 67 m, CD = 31,5 m, DA = 99,8 m; in der Seite BC befindet sich der Punkt m, in AD der Punkt n, so daß Bm = 48 m, An = 27,2 m ist. Durch mn wird das Trapez in 2 Theile von verschiedener Bonität getheilt; ABmn hat $b_1 = 2$ M., nmCD hat $b_2 = 3$ M. Durch eine Gerade xy ∥ AD soll das Trapez in 2 gleichwerthige Theile zerlegt werden; in welchem Abstande von AD liegt xy?

xy schneide mn im Punkte z, die Höhe des Trapezes werde berechnet, sie sei h, die gesuchte Höhe von AxyD sei h_1, so ist, wenn W der Werth des Ganzen ist:

$$\tfrac{1}{2} W = \frac{An + xz}{2} \cdot h_1 \cdot b_1 + \frac{zy + nD}{2} \cdot h_1 \cdot b_2$$
$$W = h_1 \left[(27{,}2 + xz) \cdot 2 + (zy + 72{,}6) \cdot 3 \right]$$

xz und zy ergeben sich aus den Gleichungen
$$(xz + 27{,}2) \cdot h_1 + (xz + 48)(h - h_1) = (27{,}2 + 48) \cdot h$$
$$(zy + 72{,}6) \cdot h_1 + (zy + 19)(h - h_1) = (72{,}6 + 19) \cdot h.$$

Die Substitution von xz und zy in den Ausdruck für W liefert eine Gleichung zweiten Grades für h_1.

5a. In welchem Abstande von AD ist xy ∥ AD zu ziehen, wenn AxyD den Werth 2 250 M. haben soll?

VII.
Änderung der Begrenzung von Flächen mit gleichen und verschiedenen Bonitäten.

1. Die gemeinschaftliche Grenze zweier Grundstücke besteht aus 2 Geraden, welche unter schiefem Winkel an einander stoßen; die Grenze soll eine einzige Gerade werden.

Sind die 2 Geraden AB und BC, so verbinde man A mit C, ziehe durch B die Parallele zu AC, welche die Seitengrenze gegenüber A in einem Punkte schneidet, dessen gerade Verbindung mit A die neue Grenze liefert.

2. Ein n-Eck in ein (n — 1)-Eck u. s. w. 4-Eck zu verwandeln.

Verfahre wie in 1. nach dem Satze: Dreiecke von gleicher Grundlinie und Höhe sind einander gleich. Die Anwendung dieser Construction zur Flächenermittlung ist nur dann erlaubt, wenn es auf Genauigkeit **nicht** ankommt.

3. Ein Polygon habe die Seiten AB, BC, CD u. s. w.; dasselbe in ein anderes zu verwandeln, welches die Seite Ax statt AB hat, wo x in der Richtung AB liegt.

Ax $>$ AB, so verbinde man x mit dem nächsten Eckpunkte C, ziehe durch B die Parallele zu xC, welche die Seite CD in y schneidet, so ist Ax, xy, yD die neue Grenze.

Ax $<$ AB, so fällt y in die Verlängerung von DC.

4. Zwei an einander stoßende Fluren gleicher Bonität sind eingeschlossen in das Polygon ABCDEFG..., dieselben werden getrennt durch die Grenze AE; der Ausgangspunkt A der Grenze soll nach x in der Seite BC verlegt werden.

Man verlege zunächst die Grenze von A nach B, diese treffe gegenüber die Seite EF in m, verbinde x mit m, ziehe durch B die Gerade By $\parallel$ xm, so xy die neue Grenze, wenn y in EF fällt; trifft die Parallele durch B die Seite EF nicht mehr, sondern FG, so ist vorher die Ecke F fortzuschaffen; häufig kommt man schneller zum Ziel, wenn man von einer provisorischen Grenze ausgeht und von dieser aus durch Berechnung und Messung die gesuchte Grenze festlegt.

5. Zwei Grundstücke mit beliebiger Seitenbegrenzung stoßen in einer mehrfach gebrochenen Geraden oder krummlinig an einander; die Begrenzung zwischen beiden soll eine geradlinige werden, welche von einem bestimmten Punkte ausgeht.

Vergl. I. 14 und VII. 1. Liegt der Ausgangspunkt so und ist das Terrain derartig, daß die provisorische Grenze die alte Begrenzung mehrfach schneidet, so sind die Flächen auf beiden Seiten zwischen der provisorischen und alten Grenze zu berechnen; ist die Summe der abgeschnittenen Flächen links größer als diejenige rechts, so ist von dem Grundstücke rechts zu viel abgeschnitten, es muß deshalb an die linke Seite der provisorischen Grenze ein Dreieck oder Rechteck angefügt werden, welches gleich ist der Differenz der Abschnitte.

6. Zwei Grundstücke I und II mit den Bonitäten b_1 und b_2 grenzen in einer mehrfach gebrochenen Geraden an einander; die Grenze soll in eine geradlinige verwandelt werden.

Nach Gutdünken legt man eine Gerade und berechnet die Werthe der Abschnitte rechts und links, ihre Differenz legt man nach Schätzung rechts resp. links durch eine neue Gerade an, mißt und berechnet wieder und fährt damit fort, bis An- und Abschnitte gleichen Werth haben.

VIII.
Aufgaben über Fehlervertheilung in den Winkeln, Coordinaten, Strecken und Flächen.

1. In 2 Dreiecken mit der gemeinschaftlichen Seite AC sind alle Winkel gemessen:

in ABC: $\alpha_1 = 75° 12' 56''$ in ACD: $\alpha_2 = 70° 16' 30''$
        $\beta_1 = 55° 26' 30''$ $\beta_2 = 60° 22' 56''$
        $\gamma_1 = 49° 20'$ $\gamma_2 = 49° 19' 44''$
      Fehler: $-34''$ Fehler: $-50''$

Der aus den Coordinaten gefundene $\angle$ BCD $= 109° 43' 26''$, da
                       $\gamma_1 + \beta_2 = 109° 42' 56''$, so
                       Fehler: $-30''$

Wie sind die Fehler in den beiden Dreiecken und in C zu verbessern, damit die Winkelsumme eines jeden Dreiecks $= 180°$ und $\angle$ BCD gleich dem aus den Coordinaten gefundenen ist?

Nach der Methode der kleinsten Quadrate und der Differentialrechnung muß die Verbesserung der Winkel in einem Dreiecke sich auf alle 3 gleichmäßig erstrecken; im ersten müßte also jeder Winkel um $\frac{34''}{3}$ größer, im zweiten um $\frac{50''}{3}$ größer gemacht werden; dadurch würde aber der Fehler für $\angle$ BCD nicht gehoben; deshalb folgende Rechnung nöthig.

x sei die Verbesserung auf je 1 Winkel im Dreieck ABC, y dasselbe in ACD, φ die Verbesserung für 1 Winkel in C, so daß also der ganze Winkel in C um 2φ verbessert wird. Die algebraische Summe von Verbesserungen und Fehler muß $= 0$ sein.

$$3x + \varphi - 34 = 0,$$
$$3y + \varphi - 50 = 0,$$
$$x + y + 2\varphi - 30 = 0,$$

hieraus ergibt sich $x = 10{,}8$; $y = 16{,}2$; $\varphi = 1{,}5$.

2. Drei Dreiecke haben die Ecke A und die Seiten AC und AD gemein; die der Ecke A gegenüberliegenden Seiten bilden den Zug BCDE; die Winkel sind

in I: $\alpha_1 = 75° 12' 50''$ in II: $\alpha_2 = 54° 41' 10''$
       $\beta_1 = 49° 21' 40''$ $\beta_2 = 67° 25' 15''$
       $\gamma_1 = 55° 26' 20''$ $\gamma_2 = 57° 53'$
       Fehler: $+50''$ Fehler: $-35''$

in III: $\alpha_3 = 80° 54' 55''$
        $\beta_3 = 56° 23' 15''$
        $\gamma_3 = 42° 41' 20''$
        Fehler: $-30''$

Aus den Coordinaten:

    $\angle$ BCD $= 122° 51' 2''$ $\angle$ CDE $= 114° 17' 7''$
    $\gamma_1 + \beta_2 = 122° 51' 35''$ $\gamma_2 + \beta_3 = 114° 16' 15''$
    Fehler: $+33''$ Fehler: $-52''$

Wie sind die Fehler auszugleichen?

Es mögen x, y, z die Bedeutung der vorigen Aufgabe haben, φ_1 und φ_2 die halben Verbesserungen von BCD und CDE sein, so die Gleichungen zu lösen:

$3x + \varphi_1 + 50 = 0$
$3y + \varphi_1 + \varphi_2 - 35 = 0$ $x + y + 2\varphi_1 + 33 = 0$
$3z + \varphi_2 - 30 = 0$, $y + z + 2\varphi_2 - 52 = 0$.

Auflösung: $x = -11{,}22$; $y = 10{,}89$; $z = 3{,}78$; $\varphi_1 = -16{,}33$; $\varphi_2 = 18{,}67$.

3. Fünf Dreiecke mit der gemeinschaftlichen Ecke A bilden ein geschlossenes Polygon, so daß γ_5 an β_1 liegt. Die gemessenen Winkel sind:

$\alpha_1 = 70° 13' 20''$ $\alpha_2 = 96° 55' 25''$ $\alpha_3 = 50° 15' 15''$
$\beta_1 = 54° 13' 15''$ $\beta_2 = 38° 9' 16''$ $\beta_3 = 87° 42'$
$\gamma_1 = 55° 33'$ $\gamma_2 = 45° 56'$ $\gamma_3 = 42° 2' 25''$
Fehler: $-25''$ Fehler: $+41''$ Fehler: $-20''$

$\alpha_4 = 55° 22'$ $\alpha_5 = 87° 15'$
$\beta_4 = 56° 18'$ $\beta_5 = 60° 48'$
$\gamma_4 = 68° 19' 28''$ $\gamma_5 = 32° 57' 34''$
Fehler: $-32''$ Fehler: $+34''$

$\alpha_1 + \alpha_2 + \alpha_3 + \alpha_4 + \alpha_5 = 360° 0' 60''$, Fehler $+60''$.

Aus welchen Gleichungen erhält man die Winkelverbesserungen?

Ist φ die Verbesserung für je 1 Winkel an A, so
$$3x + \varphi - 25 = 0$$
$$3y + \varphi + 41 = 0$$
$$3z + \varphi - 20 = 0$$
$$3u + \varphi - 32 = 0$$
$$3v + \varphi + 34 = 0$$
und $\quad x + y + z + u + v + 5\varphi + 60 = 0$.

4. Die der gemeinsamen Ecke A gegenüberliegenden Seiten BC, CD, DB bilden ein geschlossenes Dreieck; die Winkel um A sind $\alpha_1, \alpha_2, \alpha_3$, bei B β_1 und γ_3, bei C γ_1 und β_2.

$\alpha_1 = 120° 13' 20''$	$\alpha_2 = 118° 19' 28''$	$\alpha_3 = 121° 26'$
$\beta_1 = 29° 13' 15''$	$\beta_2 = 31° 18'$	$\beta_3 = 40° 8'$
$\gamma_1 = 30° 33'$	$\gamma_2 = 30° 22'$	$\gamma_3 = 18° 25' 16''$
Fehler $-25''$	Fehler $-32''$	Fehler $-44''$

Durch Berechnung aus den Coordinaten haben sich ergeben:

$\angle$ BCD $= 61° 50' 3''$ $\qquad$ $\angle$ CDB $= 70° 30' 53''$
$\gamma_1 + \beta_2 = 61° 51'$ $\qquad$ $\gamma_2 + \beta_3 = 70° 30'$
Fehler $\quad + 57''$ $\qquad\qquad$ Fehler $\quad - 53''$

$\angle$ DBC $= 47° 38' 2''$
$\gamma_3 + \beta_1 = 47° 38' 31''$
Fehler $\quad + 29''$

Welche Verbesserungen sind an den einzelnen Winkeln vorzunehmen?

Da mit der Verbesserung der Umfangswinkel bei B, C, D die Bedingung $\alpha_1 + \alpha_2 + \alpha_3 = 360°$ erfüllt werden muß, so fällt die letzte Gleichung der vorigen Aufgabe fort. Ist x die Verbesserung für je 1 Winkel in ABC, y dasselbe in ACD, z in ADB, φ_1 die halbe Verbesserung C, φ_2 diejenige in D, φ_3 die in B, so

$3x + \varphi_1 + \varphi_3 - 25 = 0,\qquad x + y + 2\varphi_1 + 57 = 0,$
$3y + \varphi_1 + \varphi_2 - 32 = 0,\qquad y + z + 2\varphi_2 - 53 = 0,$
$3z + \varphi_2 + \varphi_3 - 44 = 0,\qquad z + x + 2\varphi_3 + 29 = 0.$

5. Zwei Dreiecke ABD und CBD haben BD gemeinsam und liegen neben einander; in diesen und im $\triangle$ ACD sind alle Winkel gemessen; B und D liegen auf entgegengesetzten Seiten von AC.

$\angle$ DAB $= \alpha_1 = 110°$	$\angle$ CBD $= \beta_2 = 55°$
$\angle$ ABD $= \beta_1 = 51° 29'$	$\angle$ BCD $= \gamma_2 = 95° 0' 15''$
$\angle$ ADB $= \delta_1 = 18° 30'$	$\angle$ CDB $= \delta_2 = 30°$
Fehler $\quad -60''$	Fehler $\quad + 15''$

$$\angle \text{ DAC} = \alpha = 65^\circ\ 30'$$
$$\angle \text{ ACD} = \gamma = 66^\circ\ \ 0'\ 20''$$
$$\angle \text{ ADC} = \delta = 48^\circ\ 29'$$

Fehler $\qquad -40''$

Aus den Coordinaten gefunden

$\angle$ BAC $= 44^\circ\ 30'\ 38''$ $\qquad$ $\angle$ ABC $= 106^\circ\ 29'\ 47''$
$\alpha_1 - \alpha = 44^\circ\ 30'$ $\qquad\qquad$ $\beta_1 + \beta_2 = 106^\circ\ 29'$

Fehler $\quad -38''$ $\qquad\qquad$ Fehler $\qquad -47''$

$$\angle \text{ BCA} = 28^\circ\ 59'\ 35''$$
$$\gamma_2 - \gamma = 28^\circ\ 59'\ 55''$$

Fehler $\qquad +20''$

Wie sind die Fehler zu vertheilen?

Da die aus den Coordinaten berechneten Winkel bei A und C nicht Summen, sondern Differenzen der gemessenen Winkel sind, so müssen die Verbesserungen an den Subtrahenden als negative Größen in die Bedingungsgleichungen eingeführt werden; x, y, z haben die frühere Bedeutung in ABD, BCD und ACD; q_1, q_2, q_3 seien die Verbesserungen in A, B, C.

$3x + q_1 + q_2 - 60 = 0 \qquad x - z + 2q_1 - 38 = 0$
$3y + q_2 + q_3 + 15 = 0 \qquad x + y + 2q_2 - 47 = 0$
$3z - q_1 - q_3 - 40 = 0 \qquad y - z + 2q_3 + 20 = 0.$

Die verbesserten Winkel sind $\quad \alpha_1 + x + q_1, \quad \alpha + z - q_1, \quad \delta_1 + x$
$\beta_1 + x + q_2, \quad \beta_2 + y + q_2, \quad \delta_2 + y$
$\gamma_2 + y + q_3, \quad \gamma + z - q_3, \quad \delta + z.$

Die Verbesserungen sind $x = -5$; $y = -23,4$; $z = 31,6$; $q_1 = 37,3$; $q_2 = 37,7$; $q_3 = 17,5$.

6. Ein Polygonzug führe von P über A, B, C nach Q; in der Nähe von P liegt der Dreieckspunkt M und bei Q der Punkt N; die nach Norden hin liegenden Brechungswinkel sind durch Messung ermittelt:

$$\angle \text{ MPA} = 223^\circ\ 30'\ 20'',$$
$$\angle \text{ A} = 146^\circ\ \ 5'$$
$$\angle \text{ B} = 214^\circ\ \ 4'\ \ 5''$$
$$\angle \text{ C} = 104^\circ\ \ 1'$$
$$\angle \text{ CQN} = 302^\circ\ 22'\ \ 5''.$$

Die Neigung der Strecke MP in M ist $\nu_m^p = 110^\circ$, diejenige von QN in Q: $\nu_q^n = 200^\circ$. Der Einfachheit halber seien die Strecken MP $= 100$ m, PA $= 150$ m, AB $= 150$ m, BC $= 200$ m, CQ $= 100$ m, QN $= 100$ m.

a) Wie groß ist der Winkelfehler und ist derselbe zulässig?
b) Welches sind die Verbesserungen der einzelnen Brechungswinkel, wenn die Vertheilung nach der Summe der reciproken Werthe der Schenkellängen jedes einzelnen Winkels geschieht?

Der Polygonzug ist als geschlossenes Polygon mit den Ecken M, P, A, B, C, Q und dem unendlich fernen Schnittpunkte der Nordrichtungen zu betrachten, also als ein 7-Eck; der Winkel bei M ist 110°, bei Q: 302° 22′ 5″ — 200°; der Winkel an der siebenten Ecke ist = 0°; der zulässige Winkelfehler ist $1{,}5 \sqrt{n}$ Minuten, wo n die Zahl der Brechungspunkte, also hier 5 ist.

Die Verbesserung soll nach dem Grundsatze geschehen, daß den Winkeln mit kurzen Schenkeln ein größerer Fehler zuzuschreiben ist, als solchen mit langen.

7. Die Coordinaten der Punkte P und N der vorigen Aufgabe sind: $y_p = 234{,}56$; $x_p = 10\,655{,}78$ und $y_n = 678{,}47$; $x_n = 10\,161{,}17$. Der Winkelfehler soll auf die Brechungswinkel gleichmäßig vertheilt und darauf sollen die Coordinaten von N über A, B, C, Q berechnet werden. Wie groß ist der lineare Schlußfehler? Ist derselbe bei mittleren Verhältnissen zulässig? Welches sind die Verbesserungen der Coordinatenstücke?

Die Fehler f_y und f_x in den Ordinaten- und Abscissenstücken erhält man, indem man die algebraischen Summen $[\Delta y]$ und $[\Delta x]$ der Coordinatenstücke von $y_n - y_p$ bezw. von $x_n - x_p$ abzieht; ist $[\Delta y] > 443{,}91$, so ist f_y als negativ einzuführen; ist $[\Delta x] > -494{,}61$, so ist $f_x = +$, $[\Delta x] < (x_n - x_p)$, so $f_x = -$. Der Schlußfehler ist $f_s = \sqrt{f_y \cdot f_y + f_x \cdot f_x}$ und darf bei mittlern Verhältnissen höchstens sein $a = 0{,}01\sqrt{6[s] + 0{,}0075[s]^2}$, wo [s] die Summe der Streckenlängen des Zuges ist. Die Fehler f_y und f_x sollen auf die einzelnen Ordinaten- bezw. Abscissenstücke proportional den zugehörigen Streckenlängen vertheilt werden; auf die Längeneinheit der Coordinatenstücke kommt also $\dfrac{f_y}{[s]}$ bezw. $\dfrac{f_x}{[s]}$; von der Größe der Neigungsänderung des Zuges ist abgesehen.

8. Vier Züge laufen zusammen im Knotenpunkte P; dieselben sind: a a_1 a_2 a_3 P; b b_1 P; c c_1 c_2 c_3 c_4 P; d d_1 d_2 d_3 d_4 d_5 P. Die Brechungswinkel liegen in jedem Zuge nach P hin gesehen auf der linken Seite; die Anfangsneigungen und Brechungswinkel sind:

$\nu_a^{a_1} = 108°\,07'\,39''$ $\nu_b^{b_1} = 158°\,29'\,15''$ $\nu_c^{c_1} = 173°\,07'\,39''$
$a_1 = 143°\,56'\,51''$ $b_1 = 164°\,22'\,36''$ $c_1 = 229°\,03'\,23''$
$a_2 = 172°\,00'\,14''$ $b_1Pd_5 = 129°\,28'\,30''$ $c_2 = 186°\,35'\,36''$
$a_3 = 145°\,06'\,25''$ $c_3 = 165°\,14'\,20''$
$a_3Pd_5 = 243°\,09'\,19''$ $c_4 = 165°\,43'\,05''$
$c_4Pd_5 = 72°\,37'\,23''$

$\nu_d^{d_1} = 323°\,35'\,26''$
$d_1 = 205°\,18'\,28''$
$d_2 = 176°\,01'\,55''$
$d_3 = 151°\,48'\,55''$
$d_4 = 163°\,01'\,00''$
$d_5 = 152°\,35'\,13''$

Es soll aus jedem der 4 Züge der Neigungswinkel der Strecke Pd$_5$ in P, also $\nu_p^{d_5}$ berechnet und nach den Gewichten der Züge der für die weitere Berechnung maßgebende Neigungswinkel ermittelt werden.

Das arithmetische Mittel der 4 erhaltenen Neigungen ist nicht zutreffend, da die Züge verschieden viel Brechungspunkte haben, also anzunehmen ist, daß die Anhäufung der unvermeidlichen Winkelfehler auch verschieden groß ist und zwar sich umgekehrt verhält wie die Anzahl der Brechungswinkel, welche bei der Berechnung benutzt werden. Die Berechnung des gesuchten Neigungswinkels geht in 3 Zügen über P hinaus, deshalb ist dieser Punkt mitzuzählen. Der erste Zug hat also 4 Punkte, sein Gewicht $p_1 = \frac{1}{4}$; der zweite Zug 2 Punkte, $p_2 = \frac{1}{2}$; der dritte Zug hat $p_3 = \frac{1}{5}$; der vierte Zug $p_4 = \frac{1}{5}$. Als Neigung im vierten Zuge erhält man zunächst $\nu_{d_5}^p$, durch Subtraction von 180° ergibt sich daraus $\nu_p^{d_5}$.

Die Neigungen sind der Reihe nach:
92° 20' 28''
92° 20' 21''
92° 21' 26''
92° 20' 57'';
hieraus die maßgebende Neigung
$$\nu = \frac{8 \cdot \frac{1}{4} + 1 \cdot \frac{1}{2} + 66 \cdot \frac{1}{5} + 37 \cdot \frac{1}{5}}{\frac{1}{4} + \frac{1}{2} + \frac{1}{5} + \frac{1}{5}} + 92°\,20'\,20'' = 92°\,20'\,40''.$$
Bei der Zeichnung nehme man die Streckenzahlen aus Aufgabe 10.

9. Es soll der Winkelfehler für jeden einzelnen Zug ermittelt und gleichmäßig auf die einzelnen Brechungswinkel vertheilt werden.

Siehe Aufgabe 6; im ersten Zuge ist der Fehler $-12''$; jeder der Winkel in $a_1\, a_2\, a_3$ und $a_3 P d_5$ ist also um $3''$ zu vergrößern.

10. Die Strecken in den einzelnen Zügen der Aufgabe 8 sind in Metern:

$aa_1 = 155{,}05$	$bb_1 = 126{,}65$	$c_1c_2 = 198{,}55$	$dd_1 = 112{,}35$
$a_1a_2 = 106{,}00$	$b_1P = 154{,}30$	$c_2c_3 = 160{,}70$	$d_1d_2 = 94{,}85$
$a_2a_3 = 118{,}63$		$c_3c_4 = 112{,}55$	$d_2d_3 = 117{,}00$
$a_3P = 167{,}75$		$c_4P = 127{,}78$	$d_3d_4 = 119{,}40$
			$d_4d_5 = 111{,}15$
			$d_5P = 112{,}55$

Die Coordinaten von a, b, c, d sind in Metern:

$y_a = 43\,978{,}74 \qquad y_b = 44\,276{,}21 \qquad y_{c_1} = 44\,776{,}16$
$x_a = 21\,167{,}19 \qquad x_b = 21\,591{,}03 \qquad x_{c_1} = 21\,817{,}18$
$\qquad\qquad\qquad\qquad y_d = 44\,822{,}03$
$\qquad\qquad\qquad\qquad x_d = 20\,906{,}76.$

Ohne vorangegangene Fehlervertheilung, also ohne Aufgabe 9, sollen die Coordinaten von P in jedem einzelnen Zuge berechnet und daraus die wahrscheinlichsten Werthe von y_p und x_p bestimmt werden.

Das arithmetische Mittel nicht statthaft; die Berechnung aus einem kürzern Zuge wird ein richtigeres Resultat ergeben, als diejenige aus einem längern; die Gewichte verhalten sich umgekehrt, wie die Längen der Züge. Der erste Zug ist 547,43 m lang, sein Gewicht $p_1 = \frac{1}{547{,}43}$; ebenso $p_2 = \frac{1}{280{,}95}$; $p_3 = \frac{1}{599{,}58}$; $p_4 = \frac{1}{667{,}30}$. Sind nun die Coordinaten aus den einzelnen Zügen: $y_1 x_1$; $y_2 x_2$; $y_3 x_3$; $y_4 x_4$, so

$$y_p = \frac{p_1 y_1 + p_2 y_2 + p_3 y_3 + p_4 y_4}{p_1 + p_2 + p_3 + p_4}; \quad x_p = \frac{\Sigma p_i x_i}{\Sigma p_i}.$$ Es ist

$y_1 = 44\,415{,}44 \qquad y_2 = 44\,415{,}80 \qquad y_3 = 44\,415{,}85 \qquad y_4 = 44\,415{,}90$
$x_1 = 21\,349{,}88 \qquad x_2 = 21\,350{,}19 \qquad x_3 = 21\,350{,}19 \qquad x_4 = 21\,350{,}00;$

wir kürzen um 44 415 und 21 349, so ist nach den Werthen aus der Reciproken-Tafel

$$y_p = \frac{183 \cdot 0{,}44 + 356 \cdot 0{,}80 + 167 \cdot 0{,}85 + 150 \cdot 0{,}90}{183 + 356 + 167 + 150} + 44\,415 = 44\,415{,}75.$$

$$x_p = \frac{183 \cdot 0{,}88 + 356 \cdot 1{,}19 + 167 \cdot 1{,}19 + 150 \cdot 1{,}00}{856} + 21\,349 = 21\,350{,}09.$$

— 39 —

11. Mit den Zahlen der Aufgaben 8 und 10 sollen von P ausgehend die 4 Züge gezeichnet werden im Maßstabe 1 : 5000, wenn das Polygonnetz Quadrate von 500 m Seite hat.

Der Punkt P wird durch seine Coordinaten festgelegt, die Strecken ihrer Richtung nach mit Hülfe des Transporteurs, dessen Mittelpunkt mit einer Nadel links unten im nächsten Netzpunkte befestigt ist; oder man benutze die Tangententafel.

12. Zwei Polygone liegen neben einander und haben den gemeinsamen Zug ABCD; die Winkel in I sind von A aus linksum: in II von A aus über B:

$\alpha_1 = 85°\,12'$	$\beta_1 = 74°\,16'\,50''$
$\alpha_2 = 107°\,34'\,30''$	$\beta_2 = 115°$
$\alpha_3 = 123°\,14'$	$\beta_3 = 158°$
$\alpha_4 = 108°\,51'$	$\beta_4 = 88°\,22'\,40''$
$\alpha_5 = 28°\,7'$	$\beta_5 = 104°\,21'\,15''$
$\alpha_6 = 202°$	Fehler $+45''$
$\alpha_7 = 245°$	

Fehler $-1'\,30''$

Der Horizontalabschluß der beiden Brechungspunkte des gemeinsamen Zuges ist erzielt, die Winkel α_6 und β_3, ebenso α_7 und β_2 sind auf 360° abgeglichen. Welche Fehlervertheilung ist vorzunehmen?

In I sei die Verbesserung für jeden Winkel $= x$, in II $= y$, in B und C für jeden Winkel u und v, also die Gesammtverbesserungen 2u und 2v; diese letztern müssen sich mit den Verbesserungen x und y in jedem Punkte aufheben. Die Horizontalgleichungen sind: $2u + x + y = 0$, $2v + x + y = 0$, oder da sich 2u und 2v mit denselben x und y aufheben müssen, so ist $2u = 2v$, deshalb
$4u + 2x + 2y = 0$ oder   1) $2u + x + y = 0$.
Die Bedingungen für die Ausgleichung der Polygonwinkel sind:
 2) $7x + u + u - 90 = 0$
 3) $5y + u + u + 45 = 0$; die Auflösung ergibt:
   $x = 13{,}696$, $y = -7{,}826$, $u = -2{,}935$.

Für die Horizontgleichung ist die Anzahl der innern gemeinsamen Punkte gleichgiltig.

13. Die Neigung der Strecke BC des innern Zuges der vorigen Aufgabe sei $\nu_b^c = 134°\,12'\,15''$; es sollen die Neigungswinkel in den einzelnen Polygonen und im äußern Umfange berechnet

— 40 —

und erwiesen werden, ob sich in den Knotenpunkten A und D gleiche Resultate herausstellen.

14. Die Coordinaten von A und B sind:
$$y_a = -55\,723{,}79; \quad x_a = -78\,408{,}97$$
$$y_b = -56\,563{,}86; \quad x_b = -78\,538{,}82.$$

Das Soll der Coordinatendifferenzen ist:
$$\triangle y = -840{,}07 \quad \triangle x = -129{,}85$$
durch Rechnung ist erhalten $\triangle y = -839{,}98 \quad \triangle x = -130{,}25$
$$f_y = -\;\;0{,}09 \quad f_x = +\;\;0{,}40$$

Bei der Berechnung der Coordinatenstücke ist die Strecke s zu Grunde gelegt, die durch directe Messung gefunden ist; durch Verbesserung von $\triangle y$ um f_y und $\triangle x$ um f_x wird auch s verändert. Wie groß ist diese Änderung für die ganze Länge s? wie groß ist dieselbe für die Längeneinheit?

Die neue Strecke $S = s + ds$ für die Coordinaten $\triangle y + f_y$ und $\triangle x + f_x$;
$$s^2 = \triangle y^2 + \triangle x^2$$
$$(s+ds)^2 = (\triangle y + f_y)^2 + (\triangle x + f_x)^2$$
$$s^2 + 2s\,ds + ds^2 = \triangle y^2 + 2\triangle y\, f_y + f_y^2 + \triangle x^2 + 2\triangle x \cdot f_x + f_x^2.$$

Da die Quadrate von ds, f_y und f_x verschwindend klein sind, so ist die ganze Längenänderung
$$ds = \frac{\triangle y \cdot f_y + \triangle x \cdot f_x}{s}$$
und die Änderung für die Längeneinheit
$$\frac{ds}{s} = \frac{\triangle y \cdot f_y + \triangle x \cdot f_x}{s^2} = \frac{\triangle y \cdot f_y + \triangle x \cdot f_x}{\triangle y^2 + \triangle x^2}$$

Sind A und B Dreieckspunkte, so sind ihre Coordinaten für uns maßgebend und die Änderungen ds resp. $\frac{ds}{s}$ als Fehler zu betrachten; es ist demnach der Längeneinheitsfehler
$$\frac{ds}{s} = \frac{S-s}{s} = \frac{S}{s} - 1$$
$$= q - 1 = \frac{(-839{,}98 \cdot -0{,}09) + (-130{,}25 \cdot +0{,}40)}{839{,}98^2 + 130{,}25^2}$$
$$q - 1 = \frac{+75{,}6 - 52{,}1}{722\,500} = 0{,}000\,03.$$

15. Aufgabe 9 sei gelöst, d. h. die Winkel in den Zügen der Aufgabe 8 seien verbessert, die Coordinaten von P berechnet und nach Gewichten der Züge gefunden $y_p = 44\,415{,}77$; $x_p = 21\,350{,}19$. Hieraus und aus den Coordinaten der Aufgabe 10 ergibt sich das Soll der algebraischen Summe der Coordinatenstücke und daraus f_y und f_x für jeden Zug. Es soll der Fehler

— 41 —

für die Längeneinheit eines jeden Zuges der Aufgabe 10 gesucht und der constante Längenfehler aller 4 Züge ermittelt werden.

Für den Zug $aa_1a_2a_3P$ ist $[\Delta y] = 436{,}70$; $[\Delta x] = 182{,}67$; die Fehler sind $f_y = +0{,}33$; $f_x = +0{,}33$, also $q-1 = \dfrac{+144{,}1 + 60{,}3}{224\,458} = +0{,}000\,91$; ebenso verfährt man in den 3 andern Zügen. Das arithmetische Mittel, also die algebraische Summe der 4 Werthe $q-1$ dividirt durch 4 gibt den constanten Längeneinheitsfehler in jedem der 4 Züge.

16. Nach Aufgabe 14 ist für die Neigung ν von AB in A:
$$\operatorname{tg} \nu = \frac{y_b - y_a}{x_b - x_a} = \frac{\Delta y}{\Delta x} = \frac{-839{,}98}{-130{,}25};$$
um wie viel ändert sich ν, wenn ich die Coordinatenstücke um f_y und f_x verbessere?

Nach der Differentialrechnung ist die Größe der Neigungsänderung
$$\varphi = \frac{f_y \cdot \Delta x - f_x \cdot \Delta y}{\Delta y^2 + \Delta x^2} = \frac{(-0{,}09 \cdot -130{,}25) - (+0{,}40 \cdot -839{,}98)}{722\,500} = \frac{+11{,}7 + 335{,}98}{722\,500}$$
$\varphi = 0{,}000\,48$.

In Winkelmaß ist die Neigungsänderung von AB:
$\varphi' = 0{,}000\,48 \cdot 3438$ Minuten,
$\varphi'' = 0{,}000\,48 \cdot 206\,265$ Sekunden.

17. Man berechne φ für jeden Zug der Aufgabe 10. Für welchen der 4 Züge ist φ größer, für welchen kleiner als $0{,}0003$? Für welchen Zug ist φ ohne Bedeutung?

Man benutze die bei Lösung der Aufgabe 15 gefundenen Zahlen und setze dieselben ein in die Formel $\varphi = \dfrac{f_y \cdot [\Delta y] - f_x \cdot [\Delta x]}{[\Delta y]^2 + [\Delta x]^2}$; für den Zug bb_1P ist φ gleichgiltig, weil derselbe weniger als 3 Strecken hat.

18. Der Zug PabcdfQ ist ein Boussolenzug, die einzelnen Punkte sind also sogen. Kleinpunkte; die Strecken und entsprechenden Neigungen sind:

$Pa = 73{,}4$; $ab = 75{,}1$; $bc = 49{,}9$; $cd = 60{,}9$;
$\nu_p^a = 126° 7'$; $\nu_a^b = 103° 37'$; $\nu_b^c = 61° 7'$; $\nu_c^d = 124° 7'$;
$df = 72{,}2$; $fQ = 51{,}7$
$\nu_d^f = 127° 37'$; $\nu_f^q = 102° 17'$.

Die Coordinaten von P und Q sind:
$y_p = -55\,599{,}39$; $y_q = -55\,265{,}87$.
$x_p = +20\,927{,}59$; $x_q = +20\,801{,}41$.

Es sollen die Coordinatenstücke der einzelnen Punkte und die Fehler f_y und f_x berechnet werden; die Verbesserungen der Coordinatenstücke sind gegeben durch die Formeln
$v_y = (q-1) . \triangle y + \varphi . \triangle x$ und $v_x = (q-1) . \triangle x - \varphi . \triangle y$.
Wie groß sind diese Verbesserungen?

Bei Anwendung 5 stelliger Logarithmen sind die Abscissenstücke: —43,27; —17,68; +24,10; —34,16; —44,07; —11,00; $[\triangle x] = -126,08$; $f_x = -0,10$; $[\triangle y] = +334,11$; $f_y = -0,59$.

19. Der Inhalt des Fünfecks III. 5 soll aus den Coordinaten der Ecken nach vorgenommener Verbesserung der Coordinatenstücke berechnet, darauf mit einem Planimeter ermittelt werden. Wie groß ist der Unterschied der durch Rechnung und Planimeter gefundenen Flächen? Ist dieser Unterschied zulässig?

Das Fünfeck sei gezeichnet in 1 : 5000; laut Rechnung ist die Größe der Fläche F_1 Ar, laut Angabe des Oldendorp'schen oder des Polar-Planimeter F_2 Ar; der Unterschied darf nach Anweisung VIII. § 119 in Aren höchstens sein $a = 0,01 \sqrt{60 . F_1 + 0,02 . F_1{}^2}$.

20. Die Hälfte des in voriger Aufgabe gefundenen Unterschiedes soll auf die Parzellen EDC, ECB und EBA proportional ihren Größen vertheilt werden; welches sind die Flächeninhalte der 3 Parzellen?

IX.
Aufgaben über Höhenmessungen.

1. Es soll die Erhebung des Punktes B, der 400 m vom Nivellementsbolzen A entfernt ist, durch Nivelliren aus der Mitte gefunden werden, die Ordinate von A ist 122,429 m über N.N.; um ein doppeltes Nivellement zu erhalten, benutzt man Fußplatten mit 2 festen Bolzen von verschiedenen Höhen, die Ablesungen an der Latte in A und B sind einfach, in allen Zwischenstationen doppelt; die Stationen seien im Einzelnen 50 m lang. Die Ablesungen sind:

    1. rückwärts: 1,564;   1,539;   1,370;   0,711.
       vorwärts: 0,792;   0,738;   0,673;   0,925.
    2. rückwärts: 1,564;   1,507;   1,341;   0,681.
       vorwärts: 0,762;   0,704;   0,640;   0,925.

Welches ist die Ordinate von B? Ist der Unterschied in den Ergebnissen beider Nivellements zulässig?

<small>Ordinate von B: 124,488 m; der zulässige Fehler ist $9\sqrt{n}$ Millimeter, wo n die Anzahl der Hunderte von Metern ist, hier also $9\sqrt{4} = 18$ mm.</small>

2. Behufs Herstellung eines Grabens vom Terrainpunkte A nach E mit 245 m horizontaler Länge hat man die abzunivellirende Linie in die Stationen AB = 100 m, BC = 50 m, CD = 50 m, DE = 45 m getheilt. Durch Nivelliren aus der Mitte hat man gefunden

    Lattenhöhe in A: 1,500 m;   in B: 1,050 m
        „   „ B: 1,623 m;   in C: 1,323 m
        „   „ C: 0,987 m;   in D: 1,187 m
        „   „ D: 1,741 m;   in E: 2,091 m.

Die Querprofile an den Enden des Grabens sind lothrecht; die Tiefe bei A ist 1,30 m, die Sohlenbreite 0,55 m und die obere Breite 1,75 m. Wie groß ist die zu bewegende Erdmasse, wenn die Sohle horizontal verläuft und Sohlenbreite und Böschung gleich bleiben?

Die einzelnen Sectionen sind als abgestumpfte Pyramiden zu betrachten; die Endfläche bei A ist: $g_a = 1,30 \cdot \dfrac{0,55 + 1,75}{2}$; bei B ist die Tiefe 1,30 + 0,45, die eine parallele Seite ist 0,55, die andere 1,75 + 2 p, wo p gefunden wird aus $p : 0,45 = \dfrac{1,75 - 0,55}{2} : 1,30$. Der Inhalt dieser Section ist dann $\dfrac{100}{3} \cdot (g_a + g_b + \sqrt{g_a \cdot g_b})$ cbm. Damit sich etwaige Fehler bei der Berechnung der Endflächen nicht fortpflanzen, gehe man stets von der ersten bei A aus. Zum Zwecke der Prüfung betrachte man die Erdmasse als bestehend aus einem Prisma mit dem Querprofil bei A als Endflächen und der Höhe 245 m und den darauf liegenden Pyramiden.

3. Durch eine horizontale Wiese soll ein Graben von 130 m Länge mit 0,5 % Gefälle geführt werden; welcher Unterschied in der Lattenhöhe im Anfange und Ende der Grabensohle muß sich beim Nivelliren ergeben? Welches sind die Querprofile an den beiden Enden, wenn im Anfange die Tiefe 0,7 m, die Sohlenbreite 0,5 m ist und die letztere mit der Böschung den ∠ 115° bildet?

Der Höhenunterschied ist 0,65 m; die zweite parallele Seite des Trapezes im Anfange ist 0,5 + 2 . 0,7 . tang 25°.

4. Die horizontale Projection eines Bergabhanges, der mit 11 % steigt und oben in eine Ebene sich ausdehnt, ist 215 m; es soll ein gerader Weg mit 6 % Steigung hinaufgelegt werden. Mit welchen Instrumenten bestimmt man die Tiefe der Ausschachtung? Wie groß ist der Höhenunterschied auf je 20 m des neuen Weges? Wie lang wird der Weg?

Pendel-Instrumente mit Angabe der Steigung in Prozenten: Bose, Sickler, Schwangler; bei Instrumenten mit einer Theilung in Grade ist der Neigungswinkel zu berechnen aus $\tang \alpha = \dfrac{6}{100}$; bei Anwendung der Kanalwage ist auf je 20 m der Unterschied in den Ablesungen 1,2 m. Die Höhe am Ende des Weges zu finden aus $x : 215 = 11 : 100$; die Länge y der Projection des gesuchten Weges aus $x : y = 6 : 100$; die Länge des Weges aus $l^2 = x^2 + y^2$.

5. Wie groß ist die auszuschachtende Erdmasse bei dem Wege der vorigen Aufgabe, wenn die Breite des Weges 8 m und der Böschungswinkel 50° ist?

Die Masse ist am einfachsten zu berechnen nach der Inhaltsformel für den Keil $v = \triangle \cdot \frac{m+n+p}{3}$; $\triangle$ ist gegeben durch die Länge l des Weges, die Gerade vom Anfangspunkte bis zum Plateaurande, die dritte Seite von da bis zum Ende des Weges oder durch y — 215 und die zugehörige Höhe x; m = p = 8, n ist die lichte Weite am Rande des Plateaus,

$n = 8 + 2 \cdot (y-215) \tang \alpha \tang 40° = 8 + 2 \cdot (y-215) \cdot \frac{6}{100} \cdot \tang 40°$.

Es läßt sich der Körper auch betrachten als bestehend aus einem Prisma mit $\triangle$ als Grundfläche und m = 8 als Höhe und aus 2 Pyramiden mit derselben Grundfläche und der Höhe $(y-215) \cdot \tang \alpha \cdot \tang 40°$.

6. Wie groß ist in Folge der Erdkrümmung der Fehler beim Nivelliren aus dem Ende, wenn die den Entfernungen gleich gesetzten Visirlinien 400 m, 500 m, 1000 m lang sind? Ist die betreffende Abweichung zulässig? Welches ist die längste Strecke, für die noch unmittelbar durch Ablesen der Höhenunterschied zweier Punkte bestimmt werden kann?

Ist die Strecke n Hundert Meter lang, so darf der Unterschied in den Ergebnissen zweier Nivellements sein $9\sqrt{n}$ Millimeter, also für 400 m $9\sqrt{4} = 18$ mm. Ist h das Stück der Latte, um welches die Ablesung in Folge der Erdkrümmung zu groß wird, so ist für die Entfernung e der Latte vom Beobachtungspunkte $e^2 = (2r+h) \cdot h$, $h = \frac{e^2}{2r+h} = \frac{e^2}{2r}$, also für e = 400 m ist $h = \frac{400^2}{2 \cdot 6\,370\,000} = 0,012$, d. h. 12 mm. Der Fehler h wächst mit dem Quadrate der Entfernung.

7. Wie groß ist in Folge der atmosphärischen Strahlenbrechung der Ablesefehler an der Latte bei horizontaler Visirlinie, wenn die Entfernung 700 m ist?

Man liest zu wenig ab und zwar nach Gauß $h_1 = \frac{0,0653\,C}{\frac{1}{2}C} \cdot h = 0,1306\,h$; C ist der zu der Strecke gehörige Winkel am Mittelpunkt der Erde, h das in Folge der Erdkrümmung zu viel abgelesene Lattenstück; für e = 700 m ist h = 0,0385 m, also $h_1 = 0,005$ m.

— 46 —

8. Wie groß ist die „Reduction auf den wahren Horizont" für die Entfernung $e = 540$ m, wenn beide schädlichen Einflüsse der vorigen Aufgaben berücksichtigt werden?

Die Reduction ist $c = h - h_1$, da der fehlererzeugende Einfluß der Erdkrümmung durch die Strahlenbrechung zum Theil aufgehoben wird;

$c = \dfrac{e^2}{2r} - 0{,}1306\,\dfrac{e^2}{2r} = (1 - 0{,}1306) \cdot \dfrac{e^2}{2r} = 0{,}4347\,\dfrac{e^2}{r}$; also für 540 m

ist $c = 0{,}4347 \cdot \dfrac{540^2}{6\,370\,000} = 0{,}020$; desgleichen ist $9\sqrt{5{,}40} = 0{,}020$ m.

9. Welcher Fehler entsteht bei der Bestimmung des Höhenunterschiedes zweier Punkte durch Ablesen, wenn die Latte vom Instrument 2000 m entfernt ist? Wie läßt sich dieser Fehler ohne Reduction vermeiden?

Der Fehler ist 0,273 m; beim Nivelliren aus der Mitte liest man auf jeder Latte 0,068 m zuviel ab, die Differenz beider Ablesungen wird also durch Erdkrümmung und Strahlenbrechung nicht beeinflußt.

10. Es soll der Höhenunterschied zweier Punkte A und B der Landesvermessung trigonometrisch berechnet werden. Der wahre Horizont von A falle zusammen mit demjenigen durch Normal-Null und die Projection von B auf denselben liefere den Bogen $AD = b$, der in A abgelesene Elevationswinkel d. h. der Winkel, welchen die Visirlinie mit dem scheinbaren Horizonte bildet, sei ε; wie findet man die zur Berechnung von $BD = h$ nothwendigen Größen?

Die Lothe von A und B bilden am Mittelpunkte der Erde den Winkel C; dieser wird gefunden aus $C : 360^0 = b : 2r\pi$, $C = \dfrac{360 \cdot b}{2r\pi}$ Grade oder $C = 206\,265 \cdot \dfrac{b}{r}$ Secunden; der Winkel ε ist in Folge der Refraction um 0,0653 C zu groß, der eigentliche Elevationswinkel $= \varepsilon - 0{,}0653\,C$; der Winkel, welchen der scheinbare Horizont mit der Sehne AD bildet, ist $\tfrac{1}{2} C$, also $\angle BAD = \varepsilon - 0{,}0653\,C + \tfrac{1}{2} C$; ferner ist

$\angle ABD = 90^0 - \dfrac{C}{2} - BAD = 90^0 - \dfrac{C}{2} - \varepsilon + 0{,}0653\,C - \dfrac{C}{2} = 90^0 - (\varepsilon + C - 0{,}0653\,C)$. Nach dem Sinussatze ist, wenn die Sehne $AD = b$ gesetzt wird:

$BD : b = \sin(\varepsilon + \dfrac{C}{2} - 0{,}0653\,C) : \sin[90^0 - (\varepsilon + C - 0{,}0653\,C)]$, also

$$h = \dfrac{b \cdot \sin(\varepsilon + \dfrac{C}{2} - 0{,}0653\,C)}{\cos(\varepsilon + C - 0{,}0653\,C)}.$$

11. Die horizontale Entfernung eines Anschluß-Festpunktes A von dem nächsten trigonometrischen Punkte B ist 1720 m, der abgelesene Elevationswinkel $1°41'3''$; welches ist nach der Formel der vorigen Aufgabe die Erhebung von B über den Meeresspiegel, wenn die Ordinate von A über N.N. 196,609 m und die Instrumentenhöhe über A i = 1,456 m ist?

Der anvisirte Punkt habe die Höhe i über B, dann ist die Erhebung des Zielpunktes über den Horizont der Drehachse des Fernrohrs

$$h = \frac{1720 \cdot \sin(1°41'3'' + 28'' - 4'')}{\cos(1°41'3'' + 56'' - 4'')},$$

die Ordinate von B ist $196,609 + i + h - i$.

12. Wie lautet die Formel für h, wenn statt des Elevationswinkels die Zenithdistanz z des Punktes B gemessen wird?

Der Zenithwinkel wird gebildet von der Zenithrichtung und der Visirlinie, diesem Winkel ist der Refractionswinkel 0,0653 C hinzuzufügen; der am Beobachtungspunkte befindliche Dreieckswinkel ist also $90° - (z + 0,0653\,C) + \frac{1}{2}C$; demnach

$$h = \frac{b \cdot \cos(z + 0,0653\,C - \frac{1}{2}C)}{\sin(z + 0,0653\,C - C)}.$$

13. Eine ganz unzugängliche Höhe AB soll durch trigonometrische Rechnung gefunden werden. Zu dem Zwecke wird eine in der Nähe vorbeiführende gut geebnete Straße mit 3% Steigung benutzt zur Festlegung der Basis CD = 112,65 m, welche ganz über dem Niveau von A liegt. In C wird die horizontale Projection des Winkels ACD bezw. BCD und in D diejenige des $\angle$ CDA gemessen; dieselben sind $AC_1D_1 = 151°12'$ und $AD_1C_1 = 27°17'20''$; ferner sind in C beobachtet der Depressionswinkel des Punktes A $\varkappa = 2°15'30''$ und der Elevationswinkel von B, nämlich $\lambda = 37°48'50''$. Welches ist die Höhe AB?

In dem Dreiecke AC_1D_1, welches im Horizonte von A liegt, sind bekannt die beiden projicirten Winkel und die Seite C_1D_1 aus der Basis CD und dem Gefälle 3%; hieraus zu finden AC_1, aus AC_1 und $\varkappa$ die Erhebung von C über A; ferner aus AC_1 und λ die Erhebung von B über C. Da die Strecke AC_1 über 500 m lang ist, so ist für die in C gemessenen Höhenwinkel die Strahlenbrechung zu berücksichtigen.

14. Um die Höhe eines Thurmes AB zu messen, hat man von C in der Richtung auf A eine Standlinie CD = 47,9 m abgesteckt, welche mit 10% steigt; die Elevationswinkel in C und

— 48 —

D sind $\gamma = 17^{\circ}\,13'$ und $\delta = 28^{\circ}\,54'\,10''$; welches ist die Höhe AB, wenn C mit A dieselbe Meereshöhe hat?

Durch die Winkel γ und δ und das Gefälle von CD kennt man 2 Winkel im $\triangle$ BCD, nach dem Sinussatze BC und darauf AB zu berechnen; will man aus BD und δ die Höhe finden, so ist die Erhebung 4,79 m von D über C zu beachten.

15. Die Drehachse D des Höhenkreises befindet sich 7,85 m über dem Dreieckspunkte A, in welchem man den Zenithwinkel der Linie nach dem Dreieckspunkte B ermitteln soll; die Entfernung von A nach B ist b = 2085 m und der abgelesene Zenithwinkel $\zeta = 85^{\circ}\,4'\,40''$; wie groß ist der Zenithwinkel z im wahren Scheitel A?

Die Zenithdistanz ζ ist zu vergrößern um den Refractionswinkel 0,0653 C $= 0{,}0653 \cdot 206\,265\,\dfrac{b}{r}$ Sekunden; als Außenwinkel ist $\zeta + 0{,}0653\,C =$ z + DBA; $\sin \mathrm{DBA} : \sin[180^{\circ} - (\zeta + 0{,}0653\,C)] = h : b$

$$\sin \mathrm{DBA} = \frac{h}{b} \cdot \sin(\zeta + 0{,}0653\,C)$$

oder da $\angle$ DBA sehr klein ist, $\mathrm{DBA} = \dfrac{h}{b}\sin(\zeta + 0{,}0653\,C) \cdot 206\,265$ Secunden. Es ist dann z die Differenz der beiden bekannten Winkel; steht das Instrument unter dem wahren Scheitel, so ist z die Summe derselben.

16. Ohne die Correctionen in Bezug auf geographische Breite, Schwereabnahme, Feuchtigkeit der Luft u. s. w. zu berücksichtigen, soll mit Hülfe des Barometer bei Null Grad Lufttemperatur der Höhenunterschied der Punkte A und B bestimmt werden. Die Barometerstände sind unten: b = 751,25, oben: β = 723,75. Welches ist die Erhebung von B über A?

Es ist $b = q^h \cdot \beta$, wo $q = \dfrac{760}{759{,}905}$ ist; $h = \dfrac{\log b - \log \beta}{\log q} = 18\,372 \cdot (\log b - \log \beta)$.

17. Welches ist unter denselben Voraussetzungen der normale Barometerstand bei der Höhe h = 140,685 m über dem Meeresspiegel?

Aus der vorigen Formel β zu berechnen für b = 760 mm.

18. Wie viel Meter liegt B über A, wenn unten der Barometerstand $b_1 = 746{,}15$ mm, die Lufttemperatur $t_1 = 12^{\circ}$ C, oben $b_2 = 712{,}80$ mm und $t_2 = 9^{\circ}$ C beobachtet ist?

$h = 18\,400 \cdot (\log b_1 - \log b_2)\,[1 + 0{,}00183\,(t_1 + t_2)]$ Meter.

If you have any concerns about our products,
you can contact us on
ProductSafety@springernature.com

In case Publisher is established outside the EU,
the EU authorized representative is:
**Springer Nature Customer Service Center GmbH
Europaplatz 3, 69115 Heidelberg, Germany**

Printed by Libri Plureos GmbH
in Hamburg, Germany